中等职业教育"十二五"规划教材

传感器应用技术与实践

刘起义　主　编

王质云　副主编

国防工业出版社

·北京·

内 容 简 介

本书以项目式教学为主导,以工作任务为核心,结合生活中常见的电器装置为示例,较为浅显地介绍各种传感器的结构及其基础知识,并通过简洁、典型、实用的电路制作、调试与分析,使读者能轻松理解传感器的运行机理,适合初学者阅读或参照实验。

本书共分为 8 个项目,课程约占 60 课时,所涉及的传感器有光敏传感器、声波传感器、热敏传感器、力敏传感器、气敏传感器、湿敏传感器以及磁敏传感器。通过完成不同项目的制作,导入相关的知识点,使学生在实战中学技术,边学边做,学练结合,进而掌握常见传感器的基础知识与应用技术。

图书在版编目(CIP)数据

传感器应用技术与实践/刘起义主编. —北京:国防工业出版社,2011.6
中等职业教育"十二五"规划教材
ISBN 978-7-118-07442-0

Ⅰ.①传… Ⅱ.①刘… Ⅲ.①传感器 – 中等专业学校 – 教材 Ⅳ.①TP212

中国版本图书馆 CIP 数据核字(2011)第 092974 号

※

国防工业出版社出版发行
(北京市海淀区紫竹院南路 23 号 邮政编码 100048)
北京奥鑫印刷厂印刷
新华书店经售
*
开本 787×1092 1/16 印张 11 字数 245 千字
2011 年 6 月第 1 版第 1 次印刷 印数 1—4000 册 定价 23.00 元

(本书如有印装错误,我社负责调换)

国防书店:(010)68428422 发行邮购:(010)68414474
发行传真:(010)68411535 发行业务:(010)68472764

前　言

随着科学技术的发展,各类电器产品的智能化程度也在不断提高,而智能控制的基础和前提不仅仅取决于核心控制部件的分析、处理能力,还应取决于如何拾取主体设施所处环境中的相应信息。因此,对于从事电类特别是智能控制领域的工作人员,了解和熟悉传感器工作原理、信息的转换以及相关电路的控制等技术,就显得格外重要。

本书根据国家劳动和社会保障部颁发的有关技术技能鉴定与考核标准,结合职业学校学生的特点而编写。全书共分为8个项目,为了帮助学生理解和掌握相关技术,在每一个项目中均安排一次简单易行的有关传感器方面的制作与调试过程。对于职业学校的学生而言,在这种边做边学、边学边练的主导思想指导下,不仅提高了学生实际的工作能力,而且在操作过程中加深了对相关理论知识的理解和学习,同时也极大地激发了学生的学习兴趣。

为了进一步提高传感器应用技术以及拓展学生们的视野,在本书中还以附录的形式安排有一些传感器件及相关器件参数的介绍,以方便读者根据需要对照查阅。

本书由武汉市第二职业教育中心学校刘起义担任主编,武汉市东西湖职业技术学校王质云担任副主编。编写工作的具体分工为:武汉市第二职业教育中心学校刘起义负责编写项目一、项目二、项目三和项目四,肖诗海负责编写项目八;武汉市东西湖职业技术学校王质云负责编写项目五和项目六;宁夏石嘴山市西北外事中专学校葛春华负责编写项目七。

全书由刘起义统稿,由武汉市第二职业教育中心学校秦红霞审校。

由于作者水平有限,书中难免存在错误和不妥之处,敬请读者批评指正。

编者

目　录

项目一　简易门窗防盗报警器的制作

项目情景展示

随着社会经济的发展,城市设施也在不断完善,人们在经济不断发展的社会里各自忙碌着。突然,一声刺耳的警报声从一个居民小区传出,只见小区内的保安人员一起向发声处围拢过去,原来,该小区的住户家中安装了报警器,此时有人非法入室而触发了报警器,小偷很快就被及时赶到的保安和附近的群众抓获,避免了小区住户经济上的损失。

此次成功报警应归功于住户安装的防盗报警器,此报警器安装在住户进门口或窗户旁边,因此称为门窗防盗报警器。因其结构简单,性能可靠,得到较多人的喜爱。

下面,将门窗防盗器的结构、电路原理、制作过程以及如何设置与使用方法做一个详细的分析和介绍。

项目学习目标

	学习目标	教学方式	学时
技能目标	1. 学会安装最简单的防盗器。 2. 干簧管的测量与安装	讲授、学生实作	3
知识目标	1. 了解什么是传感器。 2. 熟悉传感器的几个基本特性	讲授	4

任务一　开关式门窗防盗报警器的结构与原理分析

1. 开关式门窗防盗报警器电路原理

开关式门窗防盗报警电路如图 1-1 所示,由一个开关和一个报警器组成,开关 S_1 断开,报警器发声电路不工作。当开关 S_1 闭合时,报警器发声电路通电,报警器发出声响。

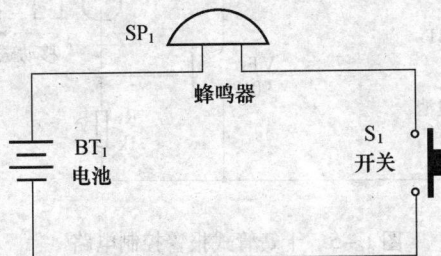

图 1-1　开关式门窗防盗报警电路

显然,该报警器的关键部件是开关。当门窗关闭时,门或窗户将开关推杆向左推入,使得开关两触点脱离接触,断开控制电路,报警器不工作。当有门窗非法开启时,接通控制电路电源,使得报警器发出急促的警报声响。门窗防盗开关的内部结构示意图分别如图 1-2 和图 1-3 所示。

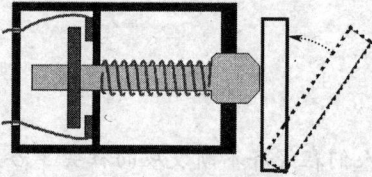

图 1-2 门窗关闭,触点断开　　　　图 1-3 门窗移开,触点闭合

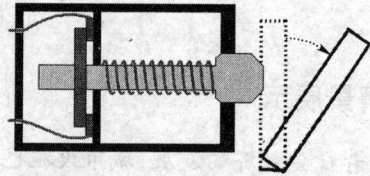

目前,使用较为普遍的门窗报警开关采用干簧管式触发控制方式。其电路上的控制原理与上述一致,只是前面所述为接触式的开关换成干簧管。图 1-4 为干簧管实物,干簧管也是一种开关,其触点的闭合与断开是通过磁场的方式来控制的,是磁控开关的一种类型。

图 1-4 干簧管实物图

干簧管是由铁镍合金丝制成的簧片,并被玻璃材料的外壳固定于两边。为了防止干簧管接触点氧化,通常在玻璃管内充有惰性气体。干簧管分为常开型和常闭型。

由于市面上的干簧管以常开型居多,因此,实际中的干簧管控制电路均采用如图 1-5 所示电路。当干簧管周围没有磁场时(图 1-6),干簧管的两个触点处于断开的状态(因此称为常开型)。当有磁场按照如图 1-7 所示的方向接近干簧管时,两个触点因被磁化导致相互吸引而使触点闭合。需要提示的是:干簧管里面的两个触点闭合与否,与干簧管内的两触点的极化方向有关。具体地说,干簧管两触点是否闭合,是由外磁体靠近干簧管的部位来决定的。图 1-8 标注了干簧管触点状态变化的几种情况。

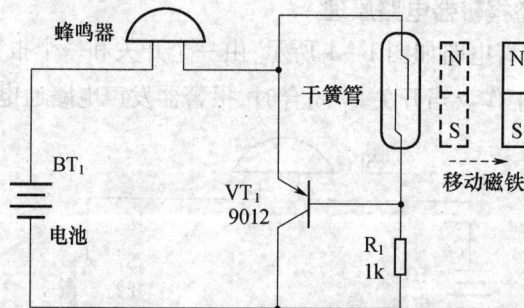

图 1-5 干簧管式报警控制电路

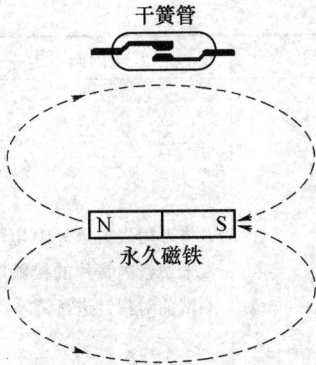

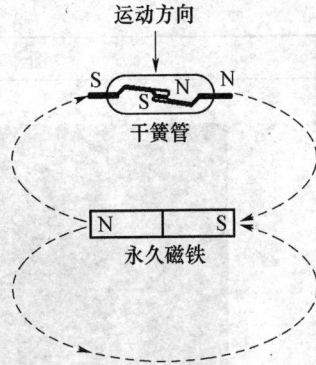

图1-6　磁场之外触点断开　　　　　　图1-7　磁场之内触点闭合

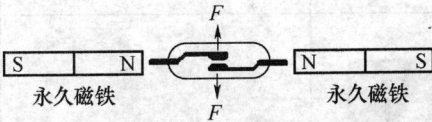

同极性磁场，干簧管断开

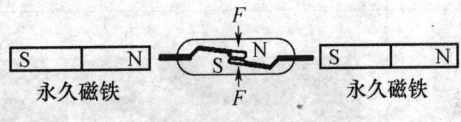

不同极性磁场，干簧管接通

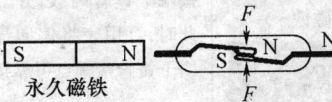

单端加入磁场，干簧管接通

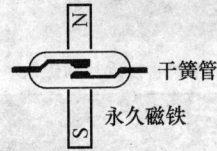

两触点连线垂直于磁力线，干簧管断开

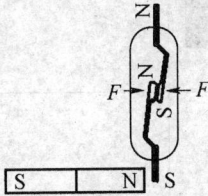

干簧管两触点闭合

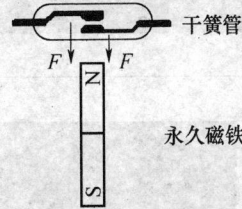

干簧管触点状态不定(通常为开路)

图1-8　常开型干簧管的几种动作情况

　　尽管干簧管两触点相距较近,在工作时也要求动作干净利索,即闭合时无抖动现象或接触不良,断开时也不能有粘连的现象发生,干簧管触点的一般性检查,可以使用万用表进行判断,具体见表1-1。

表1-1　干簧管的检测步骤

步骤	图　示	操作说明
1		良好的干簧管,其玻璃外壳应光滑,无裂纹现象。 干簧管内两个簧片的接触点距离较近,不容易用眼睛直接观察其接触情况。可使用万用表检测

(续)

步骤	图　　示	操作说明
2	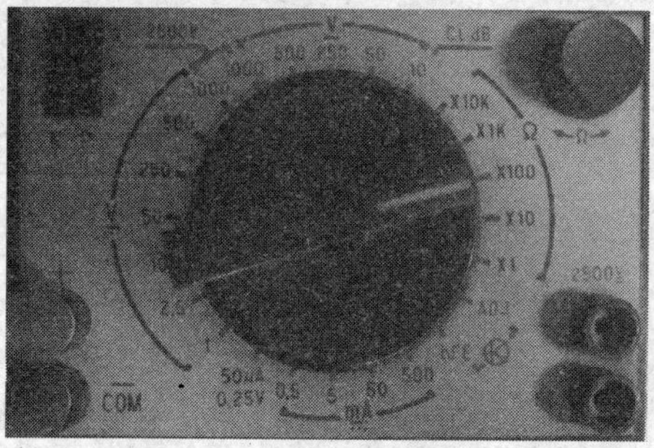	将万用表扳至×10电阻挡,测量干簧管内簧片的接触电阻,在测试前对指针进行调零
3	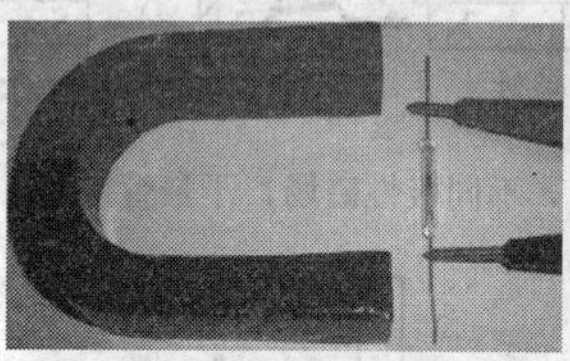  干簧管接近马蹄磁铁　　干簧管靠近条形磁铁 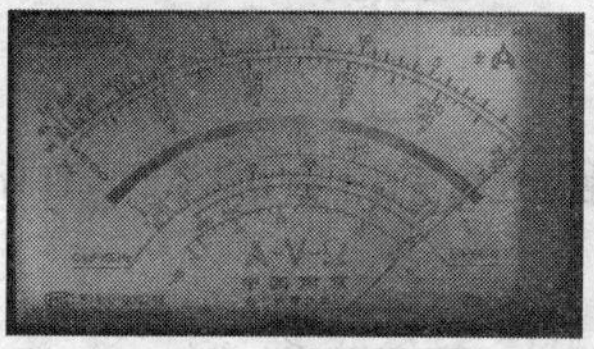 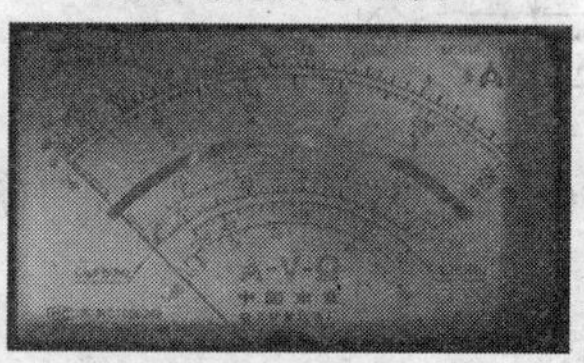	将万用表两只表笔分别可靠接触干簧管两级,并靠近磁铁。此时,万用表将偏向最右侧,说明干簧管两触点可靠接触
4	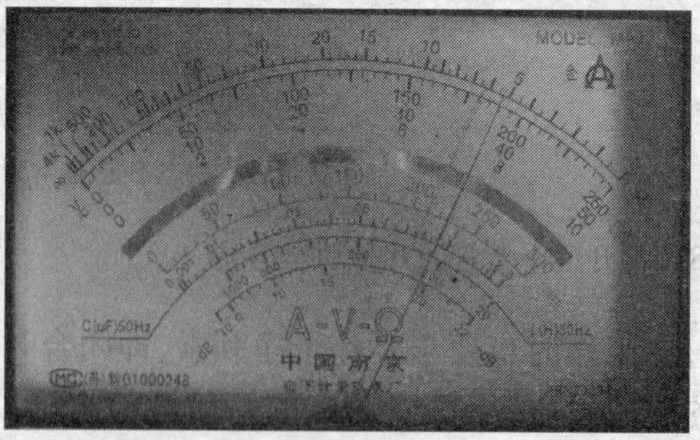	如左图所示的情况,说明干簧管接触点明显呈现出一定的电阻

2. 干簧管门窗防盗器的结构与安装

　　常用的门窗防盗器为开关控制型,其内、外结构如图1-9所示,通常是以一个绝缘材料为壳体,内部装有一只干簧管,其触点两端通过支架与引脚螺栓连接在一起。图1-10是将一块磁铁封闭在一个长条形的槽里。由于干簧管的簧式触点被密闭在一个壳体内,与外界隔离,因此,在一定程度上可避免因触点接触时可能产生的火花而出现的安全问题。

4

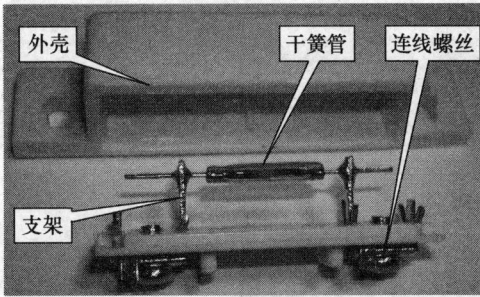

图1-9　门窗开关控制器件内部结构

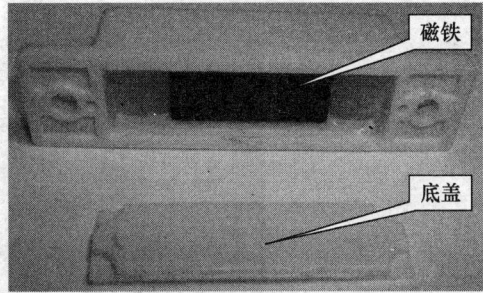

图1-10　门窗控制的磁铁条

任务二　门窗防盗器的安装与调试

在安装之前,应对干簧管的功能进行测试,方法是:将万用表扳至×100欧姆挡,使用万用表的两只表笔分别接触干簧管开关的封装外壳上的两个引脚(图1-11)。此时万用表指针应该没有任何反应。当把磁铁块接近干簧管模块时,万用表的指针因干簧管触点闭合而快速摆动至表头的最右端(阻值为0欧姆),再将磁铁移开干簧管模块,表针又回到最左侧(阻值为无穷大),如图1-12所示。说明干簧管模块功能正常,无论磁铁贴近干簧管模块还是远离干簧管模块,万用表指针都应稳定停留在一侧,否则此干簧管不能使用。干簧管防盗器的安装步骤见表1-2。

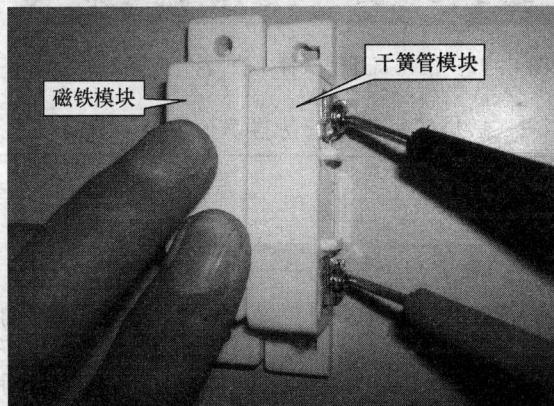

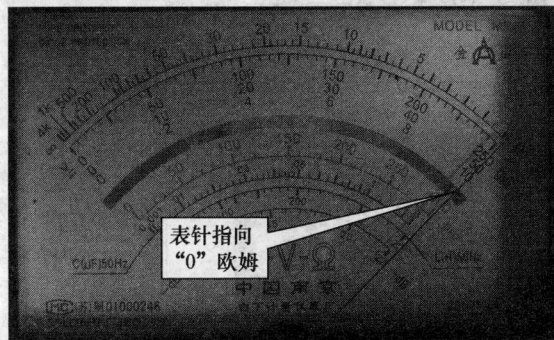

图1-11　磁铁靠近干簧管模块,表针应转向最右侧

5

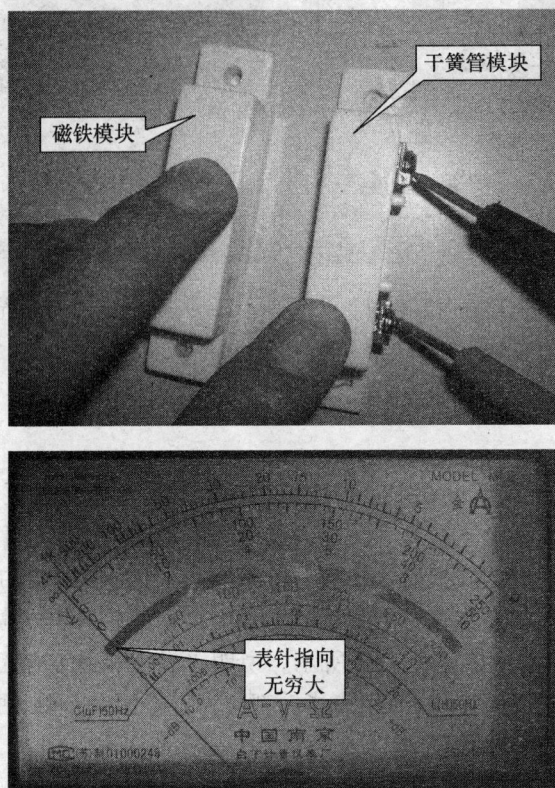

图 1-12 磁铁离开干簧管模块,表针应返回最左侧

表 1-2 干簧管防盗器的安装步骤

步骤	图 示	说 明
1		使用木螺丝,将干簧管模块固定在门框或窗户框上。注意:第一次旋紧螺丝时,主要起定位的作用,不能一次性拧紧
2		使用木螺丝,将磁铁单元模块固定于开门或窗户活动部分。 上、下两个模块之间的间隙为 1mm ~ 5mm 为宜

步骤	图　示	说　明
3	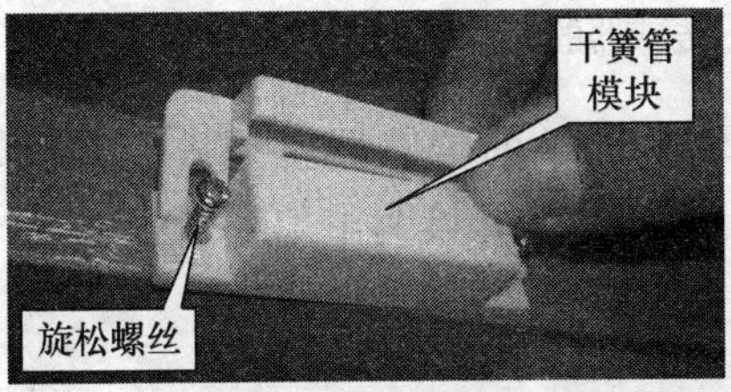 干簧管模块　旋松螺丝	上、下两个模块定位后，再松开干簧管模块的固定螺丝。注意：不要全部松开，以可拿下上盖为准
4	 导线应压在垫片下　平口起子　磁铁模块　干簧管模块	掀开干簧管上盖后，干簧管模块引线的固定螺丝显露出来。 将连接到报警器的导线与干簧管引脚螺丝连接，通常情况下，引脚螺丝下面有个垫片，请将连接导线压在垫片上；使用平口起子插入垫片下，掀开一个开口，之后，将线头插入开口处。最后旋紧上面的螺丝
5	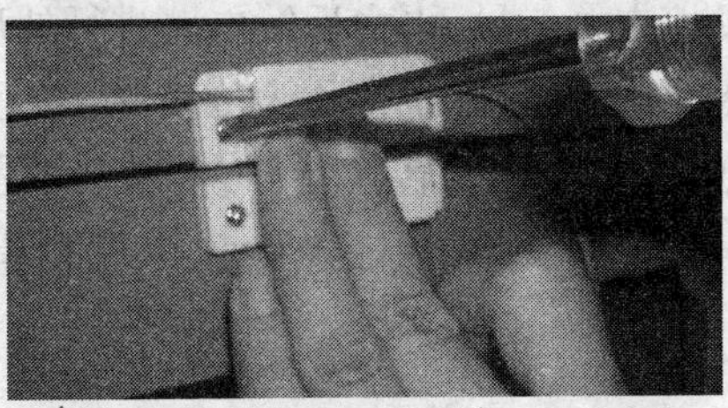	干簧管的两个引脚均连接好导线后，盖上干簧管防护盖，拧紧两侧螺丝。 由于多数干簧管模块的外壳是塑料制成的，在拧螺丝时，不能使用过大的力，以防外壳开裂
6	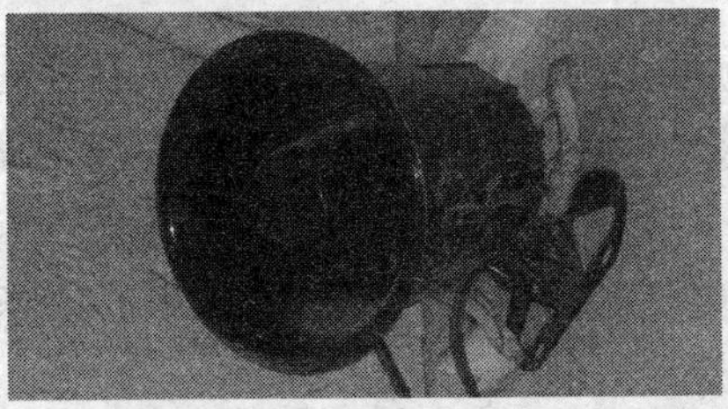	最后，按照图1-5所示将报警器组装好，并与蜂鸣器连接。至此，本装置安装完毕

知识链接一　传感器基础知识

知识点1　什么是传感器

　　传感器就是利用物理、化学以及生物等效应将一些非电量信息转换为电量信号的装置，基本构成如图1-13所示，通常由两部分组成，即敏感元件和转换元件。传感器也可以说是一种检测装置，它能感受到被测量的信息，并能将检测感受到的信息，按一定规律变换成为电信号或其他所需形式的信息输出，以满足信息的传输、处理、存储、显示、记录和控制等要求。它是实现自动检测和自动控制的首要环节。

被测量 → 敏感部件 → 转换部件 → 电信号
非电量　　　　　　非电量

图 1-13　传感器的基本构成

谈到传感器很多人觉得很陌生,其实最简单的传感器就是人们常用的麦克风(话筒),如图 1-14 所示,麦克风可以将空气中的声波转换为电信号,送入扩音机进行放大,并推动喇叭发出更大的声音。

手持话筒说话　　　　　　扩音机　　　　　　喇叭发声

图 1-14　声音的拾取、放大和播放

整个过程中,麦克风感测空气中是否有各类机械震动声响的发生,一旦出现声响,便会引起空气的震动,麦克风拾取后转换成相应电信号,再由后续电路进行处理。这里所说的麦克风,其实就是起了一个声音传感器的作用,因此也常称为传声器。

在工程应用领域,传感器常称为探测器、探头以及转换器等,常常被设置在测量系统中的最前部,是信息采集转换成电信号的头一步,其性能及转换精度将直接影响整个系统。

知识点 2　传感器的种类

传感器的种类繁多,几乎涉及所有领域中的非电量参数。在现代社会的生活中,人们常见的电冰箱、微波炉、全自动洗衣机、移动电话机、电视机、空调以及汽车等,都可以找到传感器的身影。

从用途上来区分,有压力传感器、光电传感器、位移传感器、超声波传感器、温度传感器、湿度传感器、光纤传感器以及磁敏传感器等。

按照信号转换的特性区分,分为物性型传感器、结构型传感器和综合型传感器。物性型传感器是指依靠敏感元器件材料本身的物理变化来实现信号的转换。例如:利用物体的热胀冷缩的特性,实现对温度进行测量的传感材料等。结构型传感器是依靠传感器本身的结构因某种因素而发生了改变。例如:飞机上使用的高度计,它是利用不同高度空气稀薄度来测量海拔高度的,空气压力的不同而改变高度计内密闭容器的大小,并带动指针对应出相应的高度数值。综合型传感器既具有物性传感器主要特征也有明显的结构型传感器特点。

按照工作类别区分,分为电气式传感器、光学式传感器和机械式传感器等。

按照能量关系区分,分为有源传感器和无源传感器。有源传感器是将非电信息量转换成电能量。例如:光电式传感器、压电陶瓷片、动圈式话筒和热电偶传感器等均为将相应的非电量转换为电能量。无源传感器是借助外部其他能源,根据非电量因素也能在传

8

感器的输出端产生相应的电信号输出,其电信号输出仅仅是因为非电量因素改变或控制原本就存在电流的大小,如电阻式传感器、电容式传感器和电感式传感器等。

按照测量方式来区分,有接触式传感器和非接触式传感器两种。力敏传感器属于接触式传感器,光电式传感器和超声波传感器则属于非接触式传感器。

按照输出信号来区分,有模拟式传感器和数字式传感器。模拟式传感器所输出的信号是一个连续变化的模拟量,如热敏电阻、光敏电阻等。数字式传感器输出的信号为一系列脉冲波或输出由高低电平组成的数字量信息。

知识点 3 传感器的基本特性

传感器将各种非电量的参数转换为电量信号后,再由电路系统进行处理、分析,最终实现对非电量信号装置的控制,很显然,控制信号的正确与否,以及控制量大小的把握,不仅与控制电路有关,更取决于传感器信息采样、转换的不失真度的大小。因此,有必要了解传感器的两个基本特性,即静态特性和动态特性。

1. 传感器的静态特性

传感器的静态特性是指传感器输入信号不变化或变化较为缓慢时所呈现的特性。常常用来描述静态相应特性的指标有灵敏度、测量范围、非线性度以及回程误差等。通常用标定坐标曲线来评定检测系统的静态特性。

(1) 测量范围

传感器的测量范围是能正常检测并将非电量转换为电量时的最小输入量与最大值之间的范围。通常情况下,传感器特性曲线的斜率越大,测量范围就越小,反之则越大。

(2) 灵敏度

传感器的输入/输出之间关系的理想状态应为一条直线,如图 1-15 中虚线所示,X 轴为非电量,Y 轴为输出电量,该直线的斜率越大,单位 X 的变化量,将使得 Y 轴有更大的变化量,传感器的灵敏度也就越高。

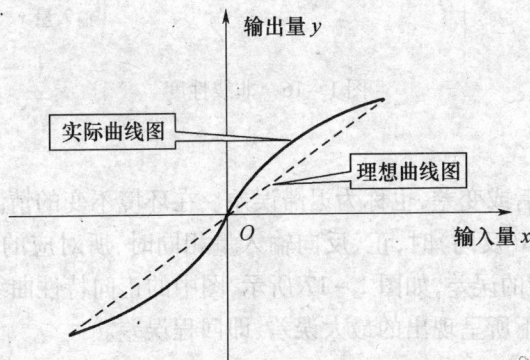

图 1-15 传感器输入 / 输出线性曲线图

传感器的灵敏度用"S"表示,是输出增量 Δy 与输入增量 Δx 之比,线性系统的灵敏度 S 为常数。具体关系为

$$S = \frac{\Delta y}{\Delta x}$$

9

（3）非线性度

由于种种原因所致,实际中的曲线不可能是一条笔直的线段,如图1-15实线所示。也就是说,出现了非线性失真,如此说来,非线性系统的灵敏度 S 是一个变量,即造成不同的非电量输入值而出现不同的灵敏度,这样便产生了失真。尽管失真是微量增幅,由于传感器常常设置于系统前端,经过后续电路放大,其危害是不容忽视的。为校正输出中的微量误差,根据传感器实际标定曲线情况,采取人为的干预方法,求出接近实际标定曲线上的各点数值,这样的曲线与理想直线较为接近,因此,有时候把这条理想中的曲线称为拟合曲线。

传感器的非线性度可由两个方面来表述:非线性度和回程误差。非线性度是标定曲线与拟合曲线的偏离度,如图1-16所示。图中 Y 轴上的 A 为传感器输出的最大值,显然,O 到 A 之间为传感器的输出范围,图中的"B"为标定曲线与拟合曲线的最大值,因此,非线性度为

$$\text{非线性度} = \frac{B}{\text{输出范围} A} \times 100\%$$

上式中的"输出范围"也就是传感器的量程范围,是传感器输出最大值与传感器输出最小值之差。

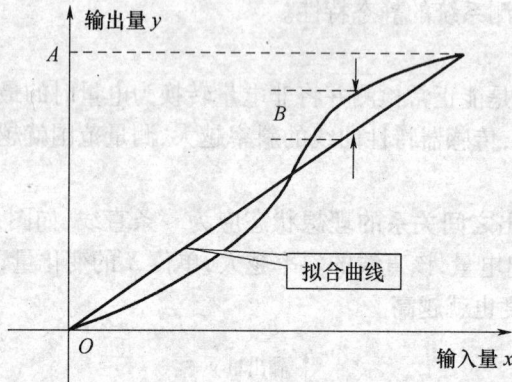

图 1 - 16　非线性度

（4）回程误差

回程误差又称滞后或变差,也称为迟滞误差。在环境不变的情况下,当输入量由小增大（正向）,或由大变小（反向）时,正、反向输入量相同时,所对应的输出特性曲线并不是重合的,而是存在一定的误差,如图1-17所示,图中的正向特性曲线与反向特性曲线间,在相同输入量的前提下所呈现出的最大误差,即回程误差。

回程误差表示为

$$\text{回程误差} = \frac{h_{max}}{\text{输出范围} A} \times 100\%$$

（5）分辨率

分辨率是传感器在规定测量范围内所能检测出被测量的最小变化量的能力。通俗地讲,如果被测量输入量的变化量小于传感器的分辨率时,该传感器的输出量将保持不变。

10

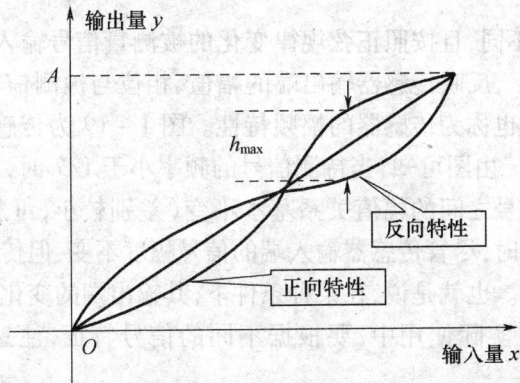

图 1-17 回程误差

分辨率越小,表明传感器检测非电量的能力就越强。对于一台数字万用表来说,分辨率为小数点后面有几位。例如:分辨率为 0.01V 的数字电压表比 0.1V 的要高出一个数量级。

2. 传感器的动态特性

在实际的应用中,传感器所检测到的非电量是随着时间变化的信号,这要求传感器根据非电量信号的变化能及时准确地作出相应的反应。如果被检测量变化较快,而传感器感知略显迟钝,则必然造成一部分信息的丢失。因此,一个传感器在进行测量时,其输出的电信号所真实反应被测信号大小和变化的能力,就成为衡量传感器的一个重要指标,即传感器的动态特性。表征传感器动态指标一般从两方面来看:一是阶跃响应;另一个是频率响应。

(1) 阶跃响应

阶跃响应是传感器感测非电量的阶跃变化在输出端上的时间响应。图 1-18 为某一类型温度传感器的阶跃响应曲线图,图中的 T_0 为传感器测量前所处环境的温度值,T_1 为待测环境的温度值,当把该传感器放入待测环境里时,传感器的输出端不会马上反映出待测环境的实际温度值,换句话说,传感器当前所输出的电信号,不是当前实际温度值。图中的曲线说明传感器的输出,需要经过一定的时间才能反映出传感器实际所在位置的温度值,也即 T_1 值。也就是说,传感器在实际的测量过程中,有一个由 $t_0 \rightarrow t_1$ 的过渡过程,期间所输出的电信号与实际数值有一定的差异,这个差异称为动态误差。

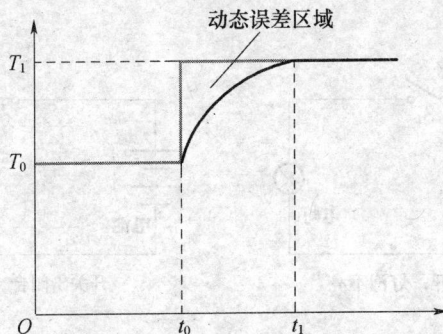

图 1-18 阶跃响应曲线图

（2）频率响应

将幅值相等、频率不同，且按照正弦规律变化的被测量信号输入传感器，使其也输出相应的正弦电信号，那么，反映传感器输出端的幅值、相位与被测信号频率之间关系的特性，称为频率响应特性，也称为传感器的幅频特性。图 1-19 为传感器幅频特性曲线图。"A" 为传感器输出增益。由图可知，当待测信号的频率小于 $1/T$ 时，传感器输出端的电信号与输入端的非电量信号之间的幅值关系基本不变（差别较小，可忽略不计），当被测信号的变化频率高于 $1/T$ 时，尽管传感器输入端的信号幅度不变，但传感器的输出信号幅度开始了急剧下降的趋势。也就是说，在某种条件下，其输出端的变化量不一定能对应反映出输入端的变化量。在实际使用中，要根据不同的信号特征，注意传感器的频率响应特性。

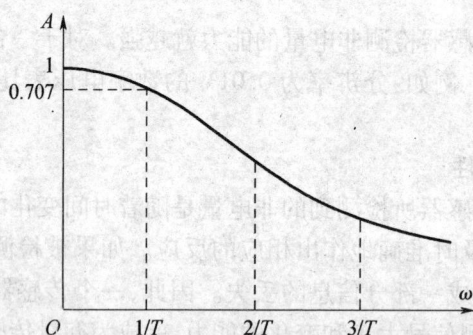

图 1-19　传感器幅频特性曲线图

知识链接二　开关的结构与应用

知识点 1　最简单的传感器——开关

开关是由两个金属接点及触动部件组成的器件，当触动部件为某种状态时，两个触点接触；那么触动的另一种状态，两个触点将断开。触点也称为电路接点，如将两个接触点接入电路中时，可以使线路闭合而形成回路，在电场力的作用下，便有电流在电路中形成。当开关接触点脱离接触时，线路被切断，电流消失，图 1-20 为开关控制的电灯回路的通断。

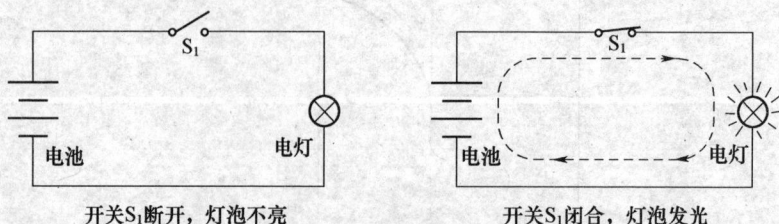

图 1-20　开关控制的电灯回路的通断

12

在实际中,时常能感觉到开关在闭合或断开的瞬间有火花产生,如图1-21所示,尽管随后灯泡进入稳定的发光状态,而开关动作时所产生的火花对于负载和开关本身都是极为不利的,开关触点产生火花的过程,其实质是开关瞬时接触不良的表现。当开关接通的一瞬间,由于触点的弹性力等因素的影响,两个触点的接触经过一个多次弹跳的过程,如果使用仪器对开关两触点进行检测,可以得到如图1-22所示的触点动作后的波形图。图中的t_1阶段为开关触点被按下后的不稳定接触期,t_2为开关触点动作后的稳定期,t_3为开关断开时的瞬间情况,显然,火花就是在t_1和t_3期间产生的。一个优质的开关,或工作在电流较小的情况下,t_1和t_3期间的过程将会极短,多数情况肉眼难以观察得到,也不影响控制电灯的效果,而在一些场所此种现象就不能被忽视。例如:数字电路的触发控制电路以及微机控制系统等等,应采取相应的措施避免出现错误控制信息的发出。

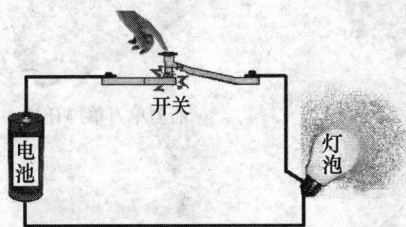

图1-21　火花产生示意图

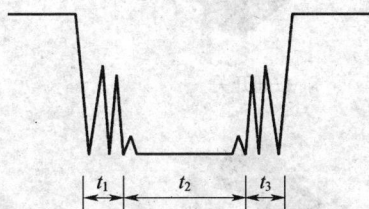

图1-22　开关触电时的抖动期

开关抖动期的长短与按键质量有关,通常情况下,开关动作后,一般需要3ms～25ms的过渡抖动期。如电路要求严格,可采取改进硬件电路来消除此现象;对于微控系统中,也可以通过软件的形式来消除影响。

知识点2　开关的种类

1. 通用型开关

从结构上来区分,有单刀单掷开关、单刀双掷开关、双刀单掷开关以及双刀双掷开关等,具体的电路符号如图1-23所示。常见的家用、仪表开关实物如图1-24所示。

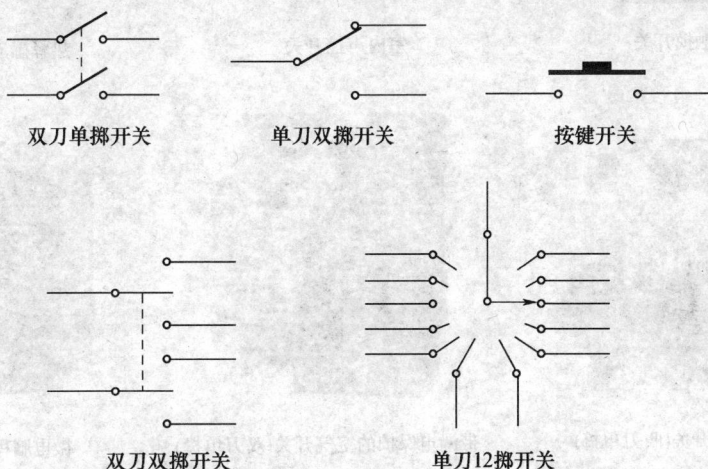

双刀单掷开关　　　　单刀双掷开关　　　　按键开关

双刀双掷开关　　　　单刀12掷开关

图1-23　电路符号

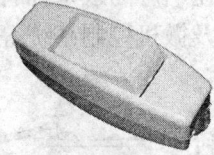

単刀双掷开关   单刀单掷开关   单刀双掷开关

按钮开关   冰箱门灯开关   船型单刀单掷开关

船型单刀开关   船型双刀开关   墙壁开关(单刀单掷)

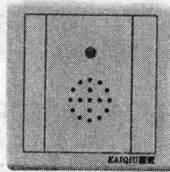

室内触摸开关   室内声控开关   热释感应开关

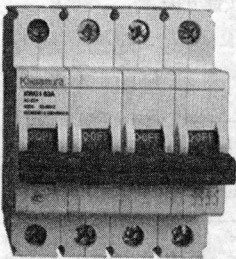

家用空气开关(四刀单掷)   带漏电保护的空气开关(双刀单掷)   微电脑程控开关

图 1-24 常见的家用、仪表开关实物

14

由于习惯所致,开关的称呼也是多种多样的。例如:图 1 - 24 中第一排的前三个开关,也称为"钮子开关"、"扳动开关";再如:后面的"按钮开关",由于开关动作轻微且行程较小,也称为"轻触开关"等。

2. 机床按钮开关

在工业领域里,由于使用环境以及控制方式上的差异,所使用的开关也就有一定的不同。图 1 - 25 所示为机床启动或停止等控制用途的按钮开关的内部结构及实物图,平时情况下,动触点将触点 3 与触点 4 连接起来,当按钮被按下时,动片下移,使得触点 1 和触点 2 连接起来。触点 3 和触点 4 称为常闭点,触点 1 和触点 2 称为常开点。

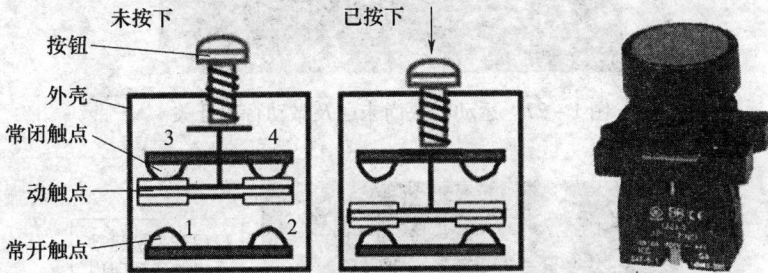

图 1 - 25 按钮开关内部结构图与实物图

3. 行程开关

除此之外,机床内还有一种能控制机械自动运行的开关,其主要作用为限制行走机构的位移量等,图 1 - 26 为微型行程开关的内部结构与实物图,该开关常被设置在机件运行的轨道处。图 1 - 27 为运动滑块尚未触及微动行程开关,图 1 - 28 为运动滑块触及微动行程开关,使得开关触点动作,通过导线送给主控电路后,输出电路控制滑块运行机构停止运行。由于该开关可以控制或限定机件向前滑动的距离,因此,这类开关形象地称为限位开关,也称为行程开关。

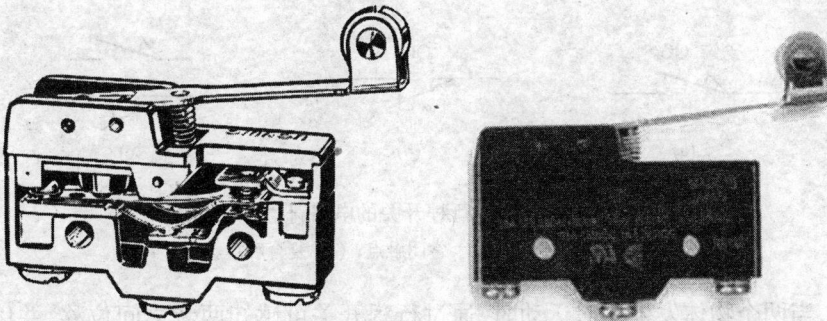

图 1 - 26 微型行程开关

在实际应用中,行程开关可以控制工件运动和自动进刀的行程。如果在机械运行轨道的极限点上设置一个行程开关,则可避免机件的碰撞事故。

行程开关的电路符号如图 1 - 29 所示,图(a)为行程开关的动合触点(常开触点),图(b)为行程开关的动断触点(常闭触点),图(a)为复合行程开关的两组触点的电路符号。

图 1 – 27　运动滑块尚未触及微动行程开关

行程开关被运动滑块触碰后向内动作

图 1 – 28　运动滑块触及微动行程开关

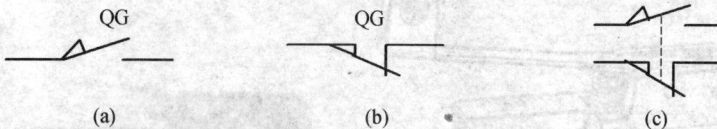

(a)　　　　　　　　(b)　　　　　　　　(c)

图 1 – 29　行程开关的电路符号

(a) 常开触点；(b) 常闭触点；(c) 复合触点。

　　总之,当两个物体发生相对运动时,通过行程开关可感知两者之间位移,并以连杆等机构驱动开关触点闭合或断开,再以此作为控制信号输送给控制电路,最终驱使相应机构的动作。

　　图 1 – 30 为一个行程开关在实际中的应用情况,行程开关 1 和行程开关 5 分别是左右横向移动极限控制开关,中间的三个微型行程开关分别表示滑块在滑轨上移动的三个位置,比如:当滑块移动至微型行程开关 2 时,由于滑块触及行程开关 2 的摆臂,使得行程开关 2 动作(触点闭合或断开),并将该开关信号送至主控电路,控制滑块停止移动或反

16

向移动等,如若控制电路失控而使滑块继续向前移动,当移动至极限控制行程开关1或行程开关2时,由该行程开关强制性控制并切断相应运行机件供电,迫使滑块停止前行,保证机械设备的安全运行。

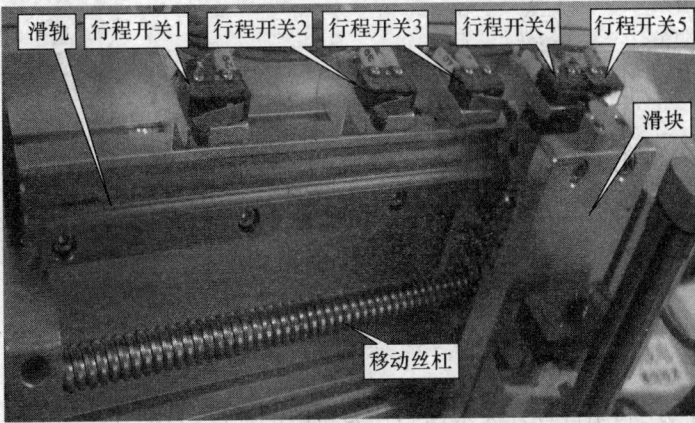

图 1 – 30　横向移动机构中的行程开关的设置

行程开关还分为直动式和滚轮式,可以根据不同的场合进行选择使用。

直动式行程开关的内部结构和实物,如图 1 – 31 所示。

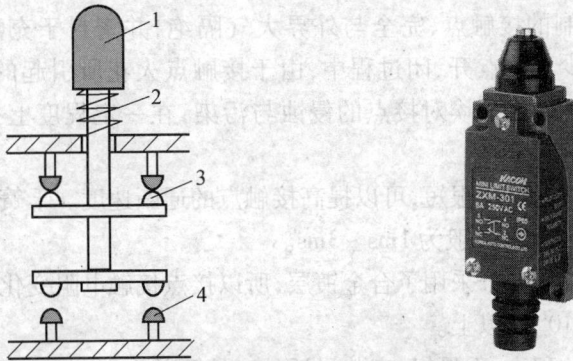

图 1 – 31　直动式行程开关
1—推杆;2—弹簧;3—动触点;4—动合触点。

当推杆1因外力的作用而向下运动时,动触点3将与常闭触点脱开,并与常开触点接触;当外力消失时,推杆在弹簧的作用下回到原位。常开触点脱开,常闭触点接通。如此便完成了一次开关信号的采集动作。

滚轮式行程开关的内部结构与实物如图 1 – 32 所示,当有运动机械的挡铁(或滑块)压到行程开关的滚轮上时,"上摆臂"将带动同轴上的"套架"一起转动,最终将推动微动开关快速动作。当滚轮上的挡铁移开后,复位弹簧就使行程开关复位。

综上所述,行程开关主要作用是将位移信号转换成电气信号,在机械控制电路中,主要起到自动控制或终端保护作用及位置控制的作用。因此,从某种意义上讲,行程开关也是一个传感器。

行程开关广泛用于各类机床和起重机械,用以控制其行程、进行终端限位保护。在电

17

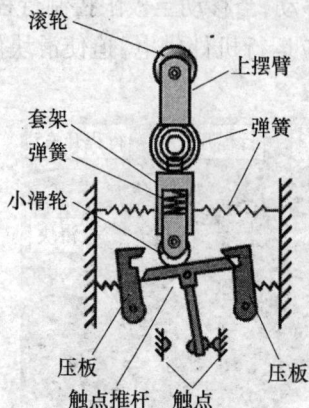

图 1-32 滚轮式行程开关

梯的控制电路中,还利用行程开关来控制开关轿门的速度、自动开关门的限位,轿厢的上、下限位保护。

4. 干簧管的特点与技术说明

干簧管作为一个磁控开关元件,对其内部簧片的要求较高,既要有一个良好的导电性,也要求较小的接触电阻(一般不超过 $20\text{m}\Omega$)。

① 作为接触控制的接触点,完全与外界大气隔绝,并密封于充满惰性气体的玻璃管中,因此,大大减少了接点开、闭过程中,由于接触点火花所引起的接点氧化和碳化,并防止了外界腐蚀气体或尘埃对接点的侵蚀与污染,在一定程度上提高了接点接触的可靠性。

② 由于开关簧片的尺寸很短,可以提高接触点的通断速度。干簧管的接通和释放时间要比电磁继电器小得多,一般为 $1\text{ms} \sim 3\text{ms}$。

③ 由于接点的接触部分采用了合金镀层,所以接点接触电阻变化平稳,寿命较长,一般的机电寿命为 1×10^6 次以上。

④ 可以做一个体积小、重量轻、安装灵活的磁控开关。

⑤ 干簧管的接触点与引脚属于同轴结构,因而可以得到良好的高频输出特性。

⑥ 干簧管存在着接点容量小、承受电压能力低和接点容易产生机械颤抖等缺点。

干簧管主要有以下几个参数:

a. 动作安匝数:是指干簧管失去平常状态所需要的安匝数,又叫做吸合安匝。

b. 释放安匝数:是指使干簧管返回平常状态时的安匝数。

c. 动作时间:在干簧管上施加额定激励时(磁场),两触点稳定闭合时所需的时间。

d. 接触电阻:是指从干簧管的引出端所测得闭合触点间导体的电阻值。

e. 触点耐压:是指在干簧管相互绝缘的导电部分之间,在规定的时间内干簧管接点间所能承受的不产生飞弧和绝缘击穿的电压。

f. 绝缘电阻:是指干簧管在相互绝缘的导电部分之间,用规定的直流电压测量时所呈现的电阻值。

g. 触点电流:是指接点闭合时,允许通过接点的最大电流值。

知识点3 开关器件的选择

选择开关的方法有很多,这里主要从电气意义上来考虑,其他方面,如外观等方面简略。

众所周知,开关之所以能够起接通或断开的作用,主要靠的是内部的接触点的动作,由欧姆定律可知,导体横截面积越大,流过导体的电流所受到的阻碍也就越小;反之,导体面积越小,阻碍也就越大,由此而产生的发热量也就越大。开关也是一样的,开关中有两个接触点,其接触面积越大,越容易通过较大的电流,因此,每一个成品的开关,在它出厂时都会确定一个额定通过的电流值,开关在额定电流下工作,其触点将能保持较为稳定的接触状态。超过了开关的额定电流越多,接触点的发热量也将越多,严重时,将因触点热量的急剧积累而很快被烧毁。

除了接触点面积大小外,开关的接触点质量也是决定开关触点流过电流大小的重要因素。触点质量主要有两个方面:一是开关触点加工与装配工艺上的优劣,如:开关闭合时,触点平面是否平整接触等。另一方面则是由触点的材质所决定的。我们知道,不同材料所呈现的电阻率是不同的,有的差异还很大。有的电阻率虽然较小,但表面容易氧化,也不适合被选用为触点材料等。

常用于制作开关触点的材料有银镍合金、银锡合金、银镉合金和纯银等。

银镍合金是目前比较理想的触点材料,导电性能、硬度比较好,也不容易氧化。银镉合金触点的综合性能也都比较好,只是镉属于重金属元素,一方面对人体有害,另一方面和银的亲合性也不太理想,如触点温度升高,会在触点表面形成镉金属小颗粒,在触点间,也容易拉出电弧。

纯银和纯金的导电性均很不错,但单独做成触点也并不合适,主要原因不仅仅是成本问题,更主要是质地比较软,开关动作次数多了,接触点容易变形。

项目学习评价小结

1. 学生自我评价

(1)填空题

① 传感器就是利用物理、化学以及生物等效应将一些( )信息转换为( )信号的装置。通常由两部分组成,即( )和( )。

② 模拟式传感器所输出的信号是( ),数字式传感器输出的信号为( )。

③ 传感器的两大特性是:①( );②( )。

(2)分析判断题

① 传感器分为有源型和无源型。( )

② 干簧管的两个引脚间隔较远,所以可以工作在高电压和大电流环境下。( )

③ 开关触点发热量越大,说明该开关允许通过的电流也就越大。( )

(3)问答题

传感器的基本特性有哪些?

2. 项目评价报告表

项目名称：				组别：		学生姓名：	
项目实施于： 年 月 日 至 年 月 日							

项目过程评价		评分依据		得分
小组评价	学习态度 20分	按时参加，且无迟到早退现象(迟到一次扣1分)	得5分	
		积极参与项目制作与讨论	得5分	
		认真完成实验记录和作业者(未完成者，一次扣2分)	得10分	
	团队精神 40分	相互尊重，关心他人	得15分	
		能协助他人理解者	得15分	
		能提出整改意见(未被采纳者只得1分)	得10分	
	成绩与收获 20分	能说出项目的基本功能	得2分	
		理解项目工作原理	得5分	
		具备独立完成调试能力	得13分	
	安全意识 20分	按照操作规程进行实验者 (无论大小事故，均不得分)	得20分	总得分：
教师评语				
专家评语：			综合得分：	

20

项目二　简易电子尺的制作

项目情景展示

在一个新建的百米跑道上,有一个工作人员正在进行跑道线的标注工作,只见他手里拿着一个底部有一个圆形滚轮的长杆向前推行着,滚轮过后的地方留下了一条白色的跑道线,快到尽头时,工作人员停了下来,并在这里做了100m跑道的终点标记。咦,没有看见使用任何长度测量工具,工作人员是怎么确定跑道长度的呢?原来工作人员所使用的是一根可测量长度的轮动电子尺,这根电子尺上有数字显示屏,上面可及时反映出滚轮所走过的距离。

随着社会经济的快速发展,越来越多的场所都可以见到电子尺的身影。例如:要读取传统游标卡尺(百分尺)上的数值,需要依靠以游标零刻线在主尺上读取测量整数值,看游标上哪条刻线与主尺上的某一刻线对齐,游标与主尺对齐上的刻度就是毫米以下的小数值,再将主尺刻度与游标上的刻度相加,即为带有小数的精确读数,如图2-1所示。

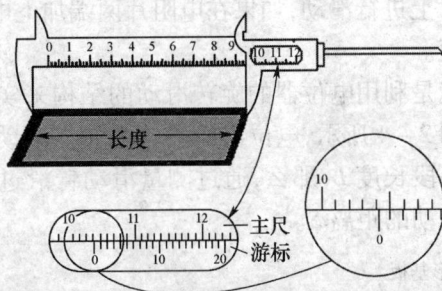

图2-1　传统游标卡尺

显然,传统的游标卡尺读取刻度的过程还是较为复杂的,为了适应现代社会高速发展的需要,提高读数的精度,一种可以直接读取刻度的数字电子尺应运而生,如图2-2所示,当前游标卡尺显示为16.78mm,读数直接且精度高。

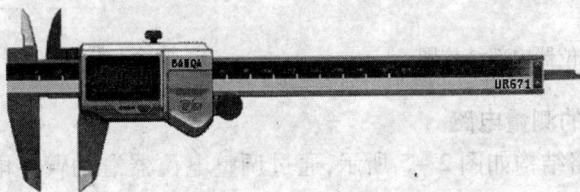

图2-2　新型电子显示游标卡尺

下面,通过自己动手制作一个简易电子尺,亲身体会和了解电子尺的基本结构与工作原理。

项目学习目标

	学习目标	教学方式	学时
技能目标	1. 学会简单的机械加工方法,以及自行确定、固定和调试传感器。 2. 制作完成相关电子测量电路	讲授、学生实作	5
知识目标	1. 掌握应片式传感器、电容式传感器的工作原理。 2. 熟悉传感器的几个基本特性	讲授	3

任务一 简易电子尺的结构与原理分析

1. 简易电子尺测量电路的原理分析

本电子尺的工作原理是根据电位器旋转滑动变阻的原理,将旋转位移量转换为相应的电压变化量,再由电压指示仪表显示出相应的数值。

常见电位器的内部结构如图 2-3 所示,由电阻片、圆形基板和滑动杆组成。滑动杆在圆轴的带动下在电阻片上进行滑动,如果在电阻片两端加上电压,那么在滑动臂上就可以得到相应的电阻分压值。

本项目中的电子尺就是利用电位器的旋转滑动的结构来实现滑动臂分压的变化,再由仪表检测出数值。如图 2-4 所示,电位器的滚轮由 a 点滚动至 b 点,滑动臂的触点在圆形的电阻片上滑动了一段长度 L,那么,通过测量滑动臂滑过电阻片长度 L 的电阻值,即可对应反映出滚轮所滚动的距离 S。

图 2-3 电位器内部结构图

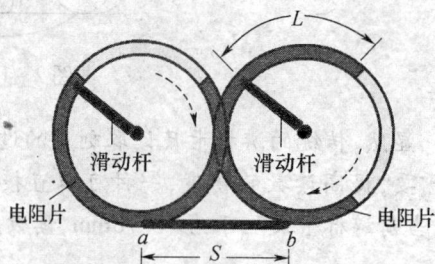

图 2-4 电位器测距示意图

2. 简易电子尺的测量电路

本电子尺的电路结构如图 2-5 所示,通过调整电位器滑动臂在电阻片上的位置,来改变调整臂的输出电压,再经过电压表来指示出分压数值。滑动臂的位置不同,则有不同的分压值,再把不同的分压值对应出相应的距离就完成了测量的任务。

图 2-5(a)为电位器 W_1 滑动臂向下滑动时,滑动臂引脚的电压降低;图 2-5(b)为电位器 W_1 滑动臂向上滑动时,滑动臂引脚的电压将升高。电路中的 VD_1 为稳压二极管,

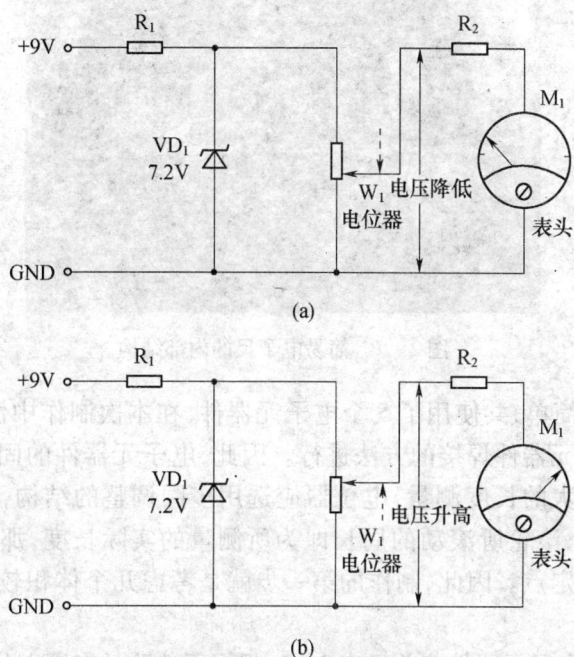

图2-5 电位器分压测试电路图

(a) 滑动臂向下运动电压降低；(b) 滑动臂向上运动电压升高。

电阻 R_1 起限制电流的作用，VD_1 和 R_1 构成一个并联稳压电路，为检测电路提供稳定的电压。M_1 为电流表(微安)，R_2 为分压电阻，R_2 阻值的大小，决定着仪表的指示范围以及刻度的准确性，具体将在调试时介绍。

任务二　简易电子尺的制作与调试

图2-6 所示为完成后的简易电子尺，从外部来看，由滚轮、壳体和表头三个部件组成。内部结构如图2-7 所示。

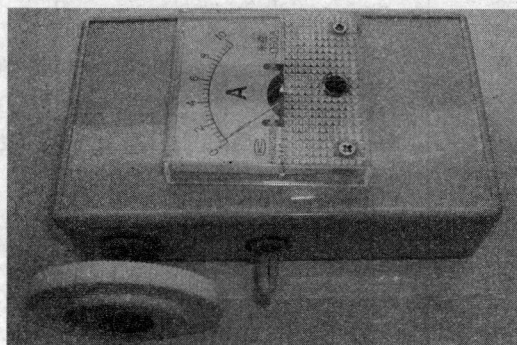

图2-6　简易电子尺

图 2-7 简易电子尺的内部结构

　　由于电路较为简单,共使用了 5 个电子元器件,在本次制作中没有使用电路板,而是采用导线直接将元器件焊接的方法进行。因此,电子元器件的固定是首先要考虑的问题。为了实现较大的长度测量,电位器应选用多圈调整的结构,设置一个滚轮安装于电位器调整轴上,滚轮所滚动的周长即为所测量的实际长度,那么电位器本身必须有个稳定可靠的固定点。因此,制作的第一步就是考虑几个体积较大或基准测量元器件位置的确定。

　　简易电子尺的电子元器件清单见表 2-1,根据所选购的多圈电位器和电流表体积的大小,来确定外壳的形状和体积。外壳既不能太大,显得体形笨拙而内部空旷,更不能选得太小而无法容纳器件的装入。

表 2-1　简易电子尺电子器件清单

序号	元器件名称	图　示	说　明
1	电阻器 R_1		电阻值:510Ω
2	电阻器 R_2		电阻值:47kΩ 左右
3	稳压二极管 VD_1		稳压值:7.5V
4	多圈电位器 W_1		标称阻值:1kΩ ~ 4.7kΩ
5	直流电流表 M_1		量程:100μA(需改制)

序号	元器件名称	图　示	说　明
6	滚轮		选用收音机的调整旋钮
7	层叠电池		标称电压:9V
8	电池扣		
9	塑料外壳		
10	细导线		

　　确定外壳后,应对器件的体积、外壳内部的空间和形状进行反复的比较和测量,切不可过于急躁而盲目加工。为了加工方便,本电子尺选用的是一面开盖的塑料外壳,如图2-8所示。

图2-8　待加工的外壳

　　需要提示的是:外壳内部空间的高度要略大于电位器径向的最大尺寸。简易电子尺外壳加工的步骤与调试说明见表2-2。

表2−2　简易电子尺外壳加工的步骤与调试说明

步骤	图　示	说　明
1	 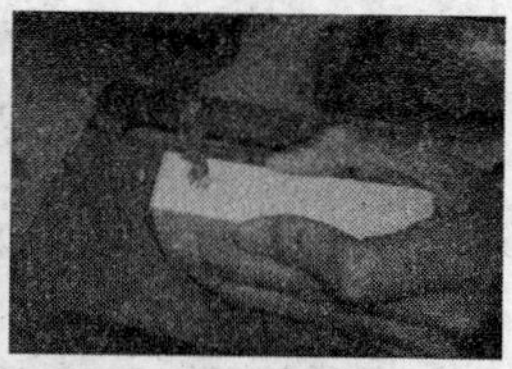	用电位器比较后，根据实际中的电位器的尺寸，在方形盒的侧面画线、钻孔
2	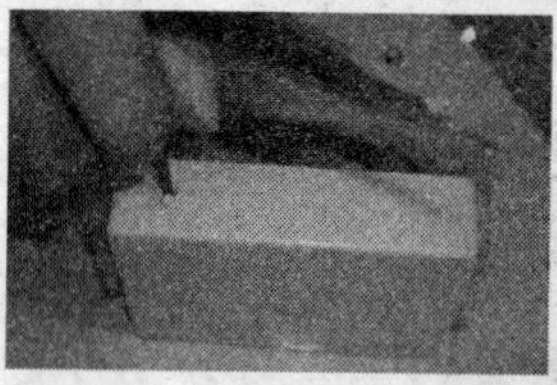	由于选用的是外壳软塑料外壳，材质较软，也可以使用较厚的剪刀，采取左右快速转动的方式钻出所需的孔径
3	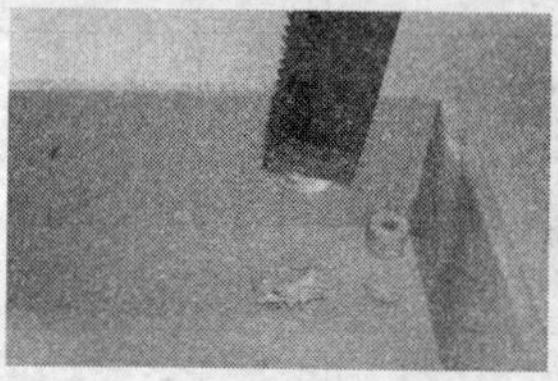 	钻好后的孔通常不是很圆，可用圆形锉刀慢慢修锉，边缘一些毛刺也可用平口刀铲除。注意圆孔的尺寸，初学者极易出现过量加工
4	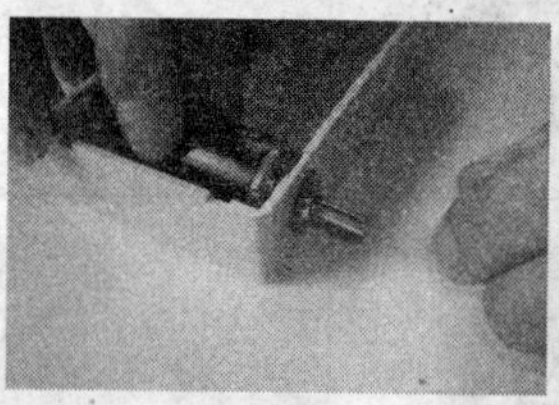 	多圈电位器的固定轴上应加垫固定，防止滚轮旋转时带动电位器本体错动
5	 	电位器的调整轴是与旋钮配套的，因此，为了与之良好配套，可选用相应的小旋钮与调整轴固定，并拧紧螺丝
6	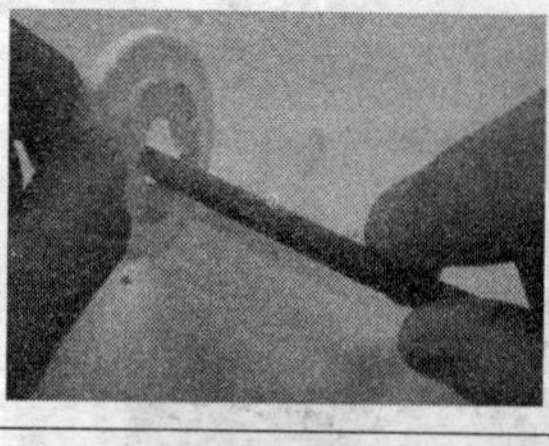 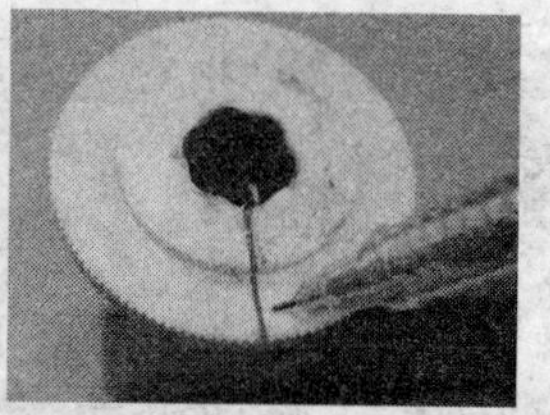	再将滚轮的中心孔用锉刀或其他工具加工成旋钮外部形状。如左图为梅花状，这样做的目的是防止滚轮与旋钮间打滑
7	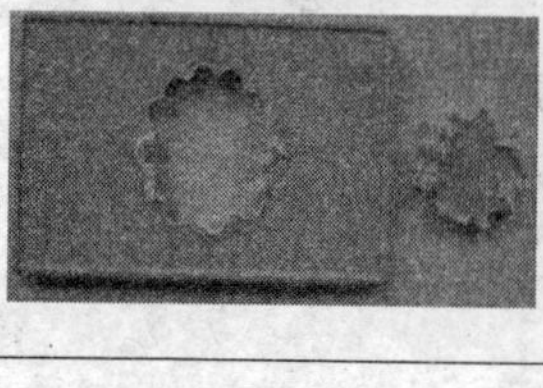 	表头的安装：根据表头尺寸画好线，再用电钻沿线排孔，之后再用半圆形锉刀修正至所需尺寸

步骤	图 示	说 明
8		一般情况下，表的背后都有两个固定螺丝，可以根据具体尺寸比对打孔
9		将表头装入塑料壳体后，轻轻拧上螺丝，一切安装顺畅后，再将表头拆下来，准备改制表头
10		如果选用的表头是微安表，就可以直接使用，否则需要改制。拆卸表头：先拆面板，再拆刻度板
11		拿掉刻度板后，表头内部的结构一览无余，左侧图上面的半圆形导线为分流器的导体，需要拆除。完成后，通常情况，该表就变成微安表了。再与图2-5中的 R_2 串联，就构成了一个电压表。关于电阻 R_2 的精密确定，可参阅步骤15
12		加装一个钮子开关，作为电源开关。用电烙铁将稳压二极管直接焊装在多圈电位器上
13		将9V的层叠电池扣的红色导线焊接在开关上，开关的另一端用电阻 R_1 与多圈电位器两端的任何一端连接。其他的几个电子元器件按照图2-5所示焊接起来即可

27

步骤	图　示	说　明
14	接上电源后,调整电位器滚轮使得表头指针指示为最大值(可能偏出了最大刻度线),此时,调整电阻 R_1 的阻值,使表头指针对准表头最大值刻度。至此,电子尺调试完毕。 在实际使用中,测量前应调整滚轮使表针指示为 0,再将滚轮上的红色笔记处与测量起点对齐,然后向所要测量的方向移动本电子尺,滚轮也就会作相应的滚动,此时可以观察到表头指针也在偏转移动着,当到达指定的位置时停止滚动,此时表头所指示的刻度即为实际的长度尺寸。 为了方便读数,可以根据实际的距离对刻度进行校准,之后再用中性笔将电量刻度改为长度即可	
15	电流表的改制: 假如购得一块 100μA 的电流表,该电表的内阻为 1kΩ,则该表满刻度时表头两端的电压数值为 $$U_g = I \cdot R_g$$ 代入公式得 $$U_g = 100 \times 106 \times 1000 = 0.1V$$ 那么,分压电阻 R_2 的阻值为 $$R_2 = \frac{7.2V - U_g}{I_g} = \frac{7.2V - 0.1V}{0.0001A} = 71k\Omega$$ 在实际使用中,可以选用 100kΩ 的可变电阻进行调整,当电位器调至最大时,电压表显示为满刻度即可	

知识链接　力敏传感器的结构与传感原理

知识点1　力与力的测量

（1）力的定义

力是物质之间相互作用的结果,即一个物体对另一个物体的作用,或一个物体对另一个物体的反作用。

物体的相互作用还可以使作用的物体双方产生变形,其结果在物体的内部产生应力,便能感觉到力的存在。离开了物体,对力的本身是无法测量的,因此对力的测量总是要通过观测物体的受力情况,如:受力后其可能产生的形变量的大小、运动状态以及所具有的能量的变化来实现。

在国际单位之中,力是个导出量,由质量 m 和加速度 g 的乘积来定义,依据这个关系,在法定的计量单位中规定:能使 1kg 质量的物体产生 $1m/s^2$ 加速度的力为 1N。

（2）力的测量

对力的大小进行测量可依据力的静力效应和力的动态效应。

力的静态效应是指物体受力后所产生相应形变的物理现象。由胡克定律可知:弹性物体在力的作用下产生变形时,在弹性变形内,物体所产生变形量与所受到的力值成正比。因此,可以通过某种手段检测出物体弹性变形量的大小,从而以间接的方式获知物体所受的力的大小。

力的动态效应是指具有一定质量的物体受到力的作用时,其原有的动量将发生变化,从而引发加速度的现象。根据牛顿第二定律可知：当物体质量确定后，该物体所受到的力与由此力所产生的加速度之间具有确定的对应关系。由此可以得知，只要检测出物体的加速度，也可以间接地测量出力的大小。

知识点 2　力敏传感器的种类

力值的检测就是通过某种方法对物体间的相互作用力的大小进行检测，按照电阻应变片式传感器的敏感材料不同，可分为金属应变片式传感器和半导体片式传感器两大类。下面介绍常见的两种力值探测方法与种类。

1. 电位器式传感器

电位器式传感器就是利用电位器具有滑动变阻的结构和功能，将机械位移量转换为电阻值的变化量的原理，当电位器中心滑臂因外力作用而产生位移时，电位器的中心抽头与参考点的输出电位也将做相应的变化。由此可见，几乎所有的电位器均可作为传感器使用。图 2-9 为带开关的小型电位器，常用于便携式收音机中作为音量调整。由于该电位器上的开关接触点的接触面积较小，只能用于低电压及较小的负载进行通、断控制。图 2-10 为单联电位器，该电位器不仅外部体积较前者大许多，内部的电阻片及滑动触点的面积也较大，能承受较大的电流，功率可达 2W 以上，主要用于大、中型仪器上，作为各种模拟电信号量的调整部件。图 2-11 为双联电位器，即内部有两组电阻片和两个滑动臂，通过一个旋转轴带动两个滑动臂同时旋转，从而使两个电位器实现了同步调整，因此称为双联电位器。图 2-12 为普通微调电位器，该电位器需要通过起子等工具来完成滑动臂的调整，该电位器的最大电阻值常常被印在本体的外表上，如图 2-12 上有印有 502 的字样，此表示为：50 后面还有两个零，即 5000Ω。

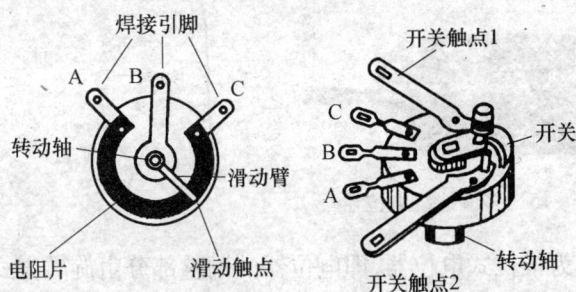

图 2-9　带开关的小型电位器结构示意图　　　　图 2-10　单联电位器

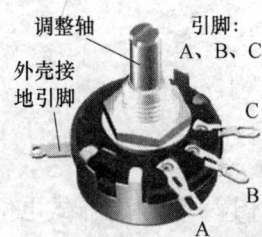

图 2-11　双联电位器　　　　　　　　图 2-12　微调电位器

图 2－13 为碳膜多圈电位器,由蜗杆、调整栓、滑块电阻片以及壳体组成。当调整栓旋转时,将带动蜗杆同步旋转,由图可知,蜗杆上的滑块在蜗杆旋转力的作用下作直线运动,从而实现了滑块在电阻片上的移动。由于调整栓旋转一周才使得滑块仅仅移动较小的距离,因此,调整精度较高,常被用于精密仪器的电路板上,需借用起子来完成阻值的调整。图 2－14 为常见的几种多圈碳膜电位器的实物。

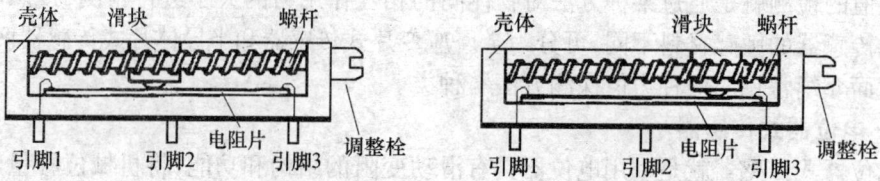

图 2－13　多圈微调电位器的内部结构

图 2－14　多圈碳膜微调电位器

图 2－15 为多圈线绕电位器实物图。与前者不同的是,该电位器电阻部分不是一个电阻片,而是由高电阻率的导体缠绕在绝缘体支架上组成的。由于采用电阻丝及多圈的结构,使得调整精度和接触点的稳定性更高,电气性能较前者稳定。

图 2－15　多圈线绕电位器

图 2－16 为直推式电位器,也称为推拉式电位器,即电位器的调整部分由旋转方式改为直线方式。图 2－16(a)所示电位器常被用于专业音响放大器中作为音量或音调的调整之用。图 2－16(b)所示电位器常被用于机械直线较小位移量的传感器件。

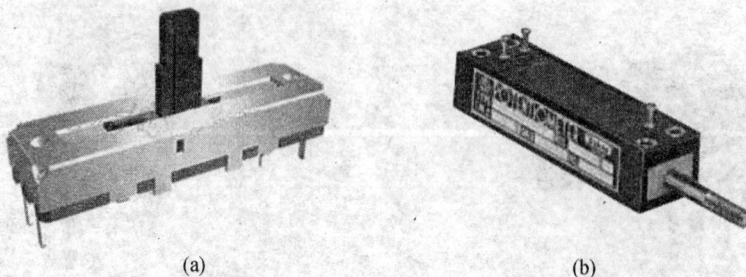

(a)

(b)

图 2－16　直推式电位器

30

电位器式传感器的特点是结构较为简单、品种繁多、价格低廉、输出信号幅度较大等，因输出电位与滑动臂的机械移动有关，因此，其动态响应相应受到一定的限制，输出电信号的分辨率也不是很高等。

电位式传感器可以作为位移传感器，推拉式电位器可以作为直线位移传感器使用，而旋转式电位器可以作为角度传感器使用，但如果经过适当的机械转换，旋转电位器也可以作为直线位移量的测量，如本项目的应用就是一个实例。

2. 金属应变片式传感器

应变片式传感器多为电阻片式的结构，工作原理是：当金属导体受到外力作用而发生变形时，导体的电阻将随之发生一定的变化。

金属导体的电阻可以表示为

$$R = p\frac{L}{S}$$

式中：p 为电阻率；L 为导体长度；S 为导体横截面积。

由上述公式可知，导体长度一定，在横截面积不变的情况下，导体的电阻为一个定值（图2-17(a)）。当导体长度 L 和导体的横截面积 S 发生变化时，导体的电阻值 R 也将随之变化。如果一个金属物体在受到外力作用时，其产生的机械变形也必然影响到金属的长度或金属导体的平均横截面积，如导体受外力被拉伸时，长度变长了，面积则会变小（图2-17(b)），那么电阻值就会增大，外力越强，电阻值的变化量也就越大。反之，金属导体受外力压缩时，将迫使金属导体外形作径向变形（导体直径增大），那么导体横截面积增大将使得导体的电阻值减小（图2-17(c)）。基于上述原理，只要检测到金属导体电阻值的变化，便能间接地测量出金属导体所承受的力的大小。

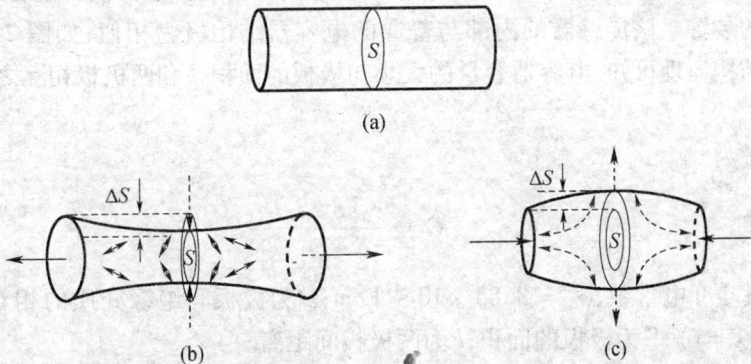

图2-17 金属导体的直径与导体电阻关系示意图
(a) 未受力，阻值不变；(b) 因受拉力，阻值增加；(c) 因受压力，阻值减小。

根据金属导体的机械变形而引起电阻值的变化原理，人们制作出各种不同结构和形状的电阻片式力敏传感器。其结构如图2-18所示，一般由弹性基板、金属应变导体和引脚组成。当基板受外力作用而产生机械变形时，在电阻片应力传感器的两个引脚上将有相应的电信号输出。

3. 半导体应变片式传感器

半导体应变片式传感器的敏感部件由半导体材料组成。半导体在受到外界力量的作用下促使半导体中的载流子迁移率发生一定的变化，导致电阻率发生改变。这种由外力

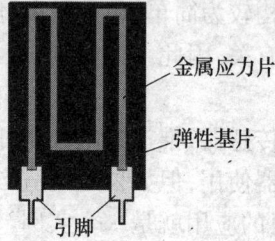

图 2 - 18　电阻片式应力传感器结构图

作用而引起半导体电阻率发生变化的现象,称为半导体的压阻效应。图 2 - 19 为半导体扩散型应变式传感器的原理结构图,当半导体应变传感器受到外力作用时,将会引起半导体内部载流子的迁移数量的变化,从而使得扩散区的电阻率也发生变化。其特点是:灵敏度明显比电阻式高。

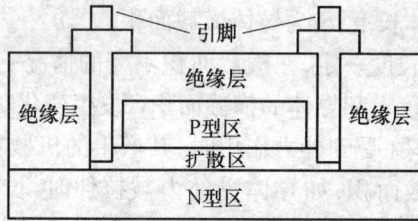

图 2 - 19　半导体片式传感器结构图

4. 电容式传感器

电容式传感器是利用电容器两个金属平板发生的位移物理量而使得电容量变化的原理制作而成的装置。该传感器的内部与普通的电容器结构极为相似,如图 2 - 20 所示。由电容器的结构原理可知,电容器容量的大小与极板的面积 S 和两极板相互之间的距离 l 有关。

其电容量为

$$C = \frac{\varepsilon_0 \varepsilon S}{l}$$

式中:ε_0 为真空介电常数,$\varepsilon_0 = 8.85 \times 10^{-12} \text{F/m}$;$\varepsilon$ 为极板间绝缘介质的相对介电系数(空气介质为 $\varepsilon = 1$);S 为极板的面积;l 为两极板间距离。

那么,决定电容器容量的大小有以下几个因素。

① 极板间的距离越小,正负电荷间相互吸引力越大,电容器储存电荷的能力也增大,所以电容量与极板间的距离成反比。

② 两极板的面积大,容纳的电荷就越多,电容量也越大,所以电容量与极板面积成正比。

③ 介质材料。不同的介质对极板上的正负电荷间的作用的影响不同,在相同的极板面积和距离时,以空气为介质的电容量最小,而用其他介质时,电容量都要增大。

根据上述结论,只要改变任何一个参数,就可以把该变化量转换为电容量的变换。因此,电容式传感器分为极距变化型、面积变化型和介质变化型。

如果电容器两极板的重合面积不变,介质介电系数不变的情况下,改变两极板间的距离 l 时,将会引起该电容器电容量的变化,由图 2-21 可知,电容器两极板间距离在较小的区间变化时,距离 Δl 与容量 ΔC 之间才近似为线性的关系,而较大变化的极间距离的变化量与容量的变化量呈现非线性的关系。

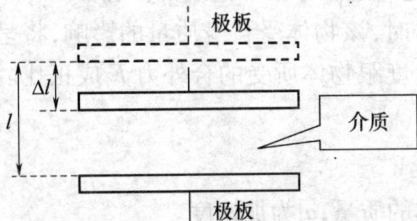

图 2-20　极变式电容传感器　　　　图 2-21　距离 l 和容量 c 的关系曲线

根据上述原理可以方便地将距离的变化量转换为电容量的变换量,通过电路取出 ΔC 的数值,就可以了解相应装置距离的变化量。如此便完成了距离传感的作用。由于该传感原理是改变两极板间相对距离来完成信号的传感,因此,这样的传感器也常称为极变式电容传感器。

改变两极板或极板间的介质也可以改变电容器容量。根据这样的原理,人们制造出面积变化型电容传感器和变介电常数电容传感器。其结构原理图分别如图 2-22 和图 2-23 所示。

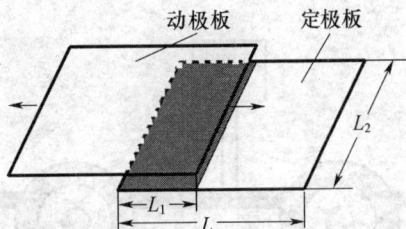

图 2-22　面积变化型电容传感器

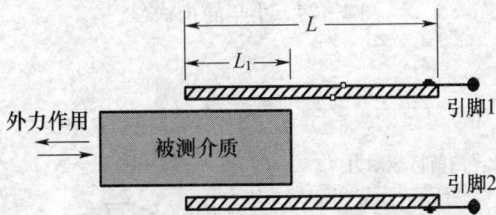

图 2-23　变介电常数式电容传感器

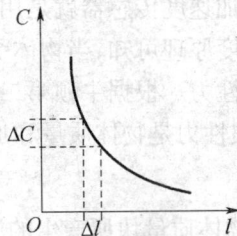

面积变化型电容器传感器的工作原理是:按照极板相对遮盖面积的方式,平行移动一个极板,上下两极板相对面积越大,则电容量也就越大。图 2-22 中的阴影部分就是两个极板相对覆盖部分。动极板向右侧移动容量增加;反之,两极板间的电容量将减小。

变介电常数式电容传感器的工作原理是:两极板间的介质因素也决定着电容器容量的数值。在图 2-23 中,该传感器由两个固定的极板和一个可移动的介质组成,当极板间介质插入或拉出时,将引起该装置电容量的变化,经检测电路拾取其容量的变化值,即可完成在外力作用下对物体移动距离的传感过程。

5. 加速度传感器

加速度是物体运动的速度随时间的变化率,是描述物体运动速度的大小和方向变化的物理量。加速度传感器就是用于测量待测物体运动过程中的加速度的传感器。

由加速度原理可知,当物体受外力作用或冲击时,该物体受自身质量的影响,将呈现出一定的惯性力。根据牛顿第二定律,物体的加速度跟物体所受的合外力 F 成正比。换句话说,此惯性力是物体质量和加速度的函数,即

$$F = ma$$

式中:F 为物体质量块所产生的质量力;m 为物体的质量;a 为加速度。

由于加速度是反应物体运动速度变化率的量,是不能直接获得的,但可以通过测量物体质量块在一定的加速度影响下所反映或表现出的惯性力来感知。就像人们乘坐汽车一样,当汽车起步时,车上所有物体都要向后倾倒,刹车时人也要向前倾倒。图 2-24 所示为一辆小车上有一个质量块,平时静静地竖立在小车上,当车起步或向前加速时,滚轮不断提供向前运动的动力 F_1(图 2-25),由于质量块的惯性所致,质量块将有与小车运动相反的方向运动的趋势,迫使质量块支撑杆产生弯曲变形,小车的加速度越大,支撑杆的变形也就越大,如果此时在支撑杆上安装一个力敏应力片,那么力敏应力片所受到的外力也就越大。如果该变化量不超过支撑杆和应力片的弹性限度,力敏应变片所感受到的外力量与加速度成正比。换句话说,此应力的大小与加速度有紧密的对应关系。

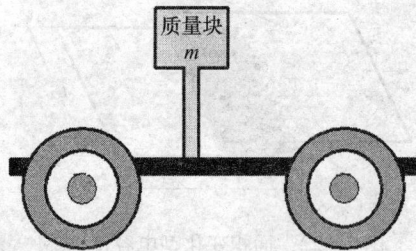

图 2-24 小车静止状态

图 2-25 小车起步前行

目前一维的加速度传感器的技术比较成熟,传感器中的敏感器件的传感原理也是多样的,种类繁多,但从测试原理上可分为压电效应式、电容式、电感式、应变式、压阻式和表

面声波式等,但无论采用何种检测机理,最终都是将加速度的变化量转换成电信号。从测量维数来分,绝大多数为一维型,个别属二维型,极少数属三维型。

加速度传感器的主要指标有以下几个方面。

① 灵敏度。

② 频率响应。

③ 测量量程。

④ 精度。

⑤ 满量程费线性度。

⑥ 漂移。

⑦ 横向效应。

⑧ 抗震性能。

加速度传感器是一种重要的力学量敏感器件,广泛地应用于工业自动控制、科学测量、军事和空间系统等领域。

知识点3 传感器输出信号的检测与处理

传感器敏感部件电量输出通常采用电桥的形式获取,电路如图 2-26 所示。传感器内部的敏感部件所转换输出的电量信号一般都很小,通常不会大于毫伏级,有的甚至是微伏级。这么微弱的信号常常有较大的噪声伴随着。

对于这样的信号,电路处理的第一步通常是采用放大器将传感器内部的敏感器件送来的微弱信号进行有效的拾取和放大。图 2-27 所示为单运放组成的差分信号放大电路,传感信号由电桥 b、d 端分别送到放大电路的 U_{i-} 和 U_{i+} 端,假设电桥电路中的 R_1 为应变力传感器件,当 R_1 未受外力时,由于电桥已调配平衡,即事先完成如下平衡条件:

$$R_1 \cdot R_3 = R_2 \cdot R_4$$

电桥电路的输出电压 U_{bd} 为 0,因此,从理论上说,运算放大器的输出端 U_0 也必然为 0。

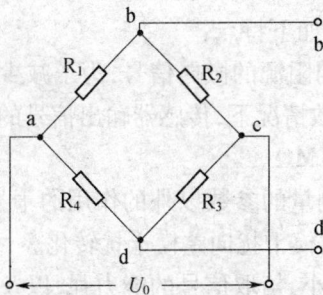

图 2-26 电桥式检测电路   图 2-27 单运放放大电路

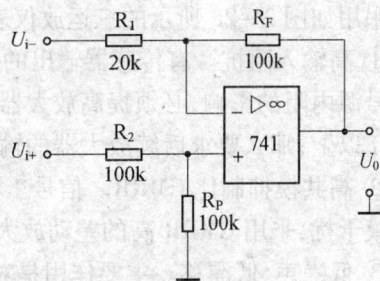

当应变电阻 R_1 受到外力作用时,R_1 的阻值将产生变化,其变化量为 ΔR_1,显然,此时的电桥已处于不平衡状态,经过后续放大电路进行放大后,输出较强信号 U_0,供检测电路使用。

放大的目的不仅仅是提高信号的强度,还要抑制因各种原因而感应在电路中的环境扰动电磁信号。这就要求放大电路有较高的信噪比,因此,传感器输出的信号与后面的放大电路的匹配显得较为重要,在实际中,为了得到较为精准的放大量、抗拒环境的电磁干扰以及较高的温度稳定性,完成传感器后续的放大采用一种称为仪表放大的电路。具体如图 2-28 所示。

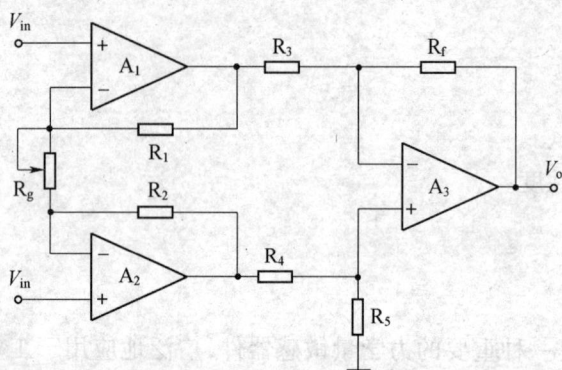

图 2-28　仪表放大电路

仪表放大器的典型结构由两级差分放大器电路构成。其中,运放 A_1 和 A_2 为同相放大的差分输入方式,同相输入可以提高运算放大器电路的输入阻抗,减小电路对敏感部件送来的微弱信号的影响,差分输入可以使电路只对差模信号放大,而对共模输入信号有着较好的抑制作用。

由于输入端的信号较小,放大电路中的任何微弱扰动信号都可能造成其信号大幅度的变化,因此,不仅对组成仪表放大电路的元器件要求较高,而且还要有一个准确的匹配要求,并且还要求 $R_1 = R_2, R_3 = R_4, R_f = R_5$,在此条件下,仪表放大电路的增益为

$$G = (1 + 2R_1/R_g)(R_f/R_3)。$$

由公式可见,调节电阻 R_g 阻值,可以实现放大电路的增益控制。良好仪表放大器应该具备分辨越小输入信号的能力、较高的信噪比以及较大的动态范围。

采用如图 2-28 所示的三运放仪表放大电路具有如下特点:

① 高输入阻抗。有传感器输出的信号一般是高内阻源的微弱信号,为了减少对传感器信号源内阻的影响,必须提高放大器输入阻抗。多数情况下,传感器输出信号的内阻为 $100k\Omega$ 以上,那么要求后续放大器的输入阻抗应大于 $1M\Omega$。

② 高共模抑制比 CMRR。信号工频干扰以及所测量的参数以外的作用的干扰,一般为共模干扰,采用 CMRR 高的差动放大形式,能减少共模干扰向差模干扰转化。

③ 低噪声、低漂移。主要作用是对信号源的影响小,拾取信号的能力强,以及能够使输出稳定。

从理论上来说,仪表放大电路对共模输入信号是没有放大作用的,共模电压增益接近于 0。这不仅与实际的共模输入有关,而且也与 A_1、A_2 和 A_3 的失调电压和漂移有关。如果 A_1 和 A_2 有相等的漂移速率,且向同一方向漂移,那么漂移就作为共模信号出现,没有被放大,被第二级 A_3 抑制了。

由此可见,上述电路具有输入阻抗高、共模抑制比高等优点,通常作为通用仪表用放大器使用。

项目学习评价小结

1. 学生自我评价

（1）填空题

① 电阻应变片式力敏传感器的工作原理是：当金属导体受到外力作用而发生变形时，导体的（　　）将随之发生一定的变化。

② 加速度是物体运动速度随时间的（　　），是描述物体运动速度的大小和方向变化的物理量。

③ 电容式传感器是利用电容器两个（　　）发生位移的物理量而使得电容量变化原理制作而成的装置。

（2）分析判断题

① 任何一种放大器均可用于传感器信号放大。（　　）

② 无论是金属应力传感器、半导体应力传感器、还是电容型等力敏传感器，经过合理的结构设计，均可用于对物体加速度的测量。（　　）

（3）问答题

仪表放大器具有哪些特点？

2. 项目评价报告表

项目名称：				组别：		学生姓名：

项目实施于： 年 月 日 至 年 月 日

项目过程评价		评分依据		得分
小组评价	学习态度 20分	按时参加，且无迟到早退现象（迟到一次扣1分）	得5分	
		积极参与项目制作与讨论	得5分	
		认真完成实验记录和作业者（未完成者，一次扣2分）	得10分	
	团队精神 40分	相互尊重，关心他人	得15分	
		能协助他人理解者	得15分	
		能提出整改意见（未被采纳者只得1分）	得10分	
	成绩与收获 20分	能说出项目的基本功能	得2分	
		理解项目工作原理	得5分	
		具备独立完成调试能力	得13分	
	安全意识 20分	按照操作规程进行实验者（无论大小事故，均不得分）	得20分	总得分：
教师评语				
专家评语：			综合得分：	

37

项目三 路灯自动控制器的制作

项目情景展示

路灯自动控制器的作用是:天黑时,路灯自动开启;天亮时,路灯自动关闭。相比此前的人工控制来说,不仅节省了人体劳力,节约了电力,而且也延长了照明灯泡的使用寿命。何时开启,何时关闭,均由这个路灯控制器决定,无论是白天还是夜晚,或阴雨天气,只要光线降到一定程度(可以设定),即可开启照明设施。可见,路灯控制器是根据自然光线的强度来进行自动推后或提前开灯时间。

项目学习目标

	学 习 目 标	教学方式	学时
技能目标	1. 学会检测光敏电阻的方法。 2. 三极管控制电路的调试	讲授、学生实作	5
知识目标	光敏器件的种类及其工作原理	讲授	2

任务 路灯自动控制器的电路分析与制作

1. 路灯自动控制器的工作原理

路灯控制电路原理图如图 3 - 1 所示,图 3 - 1(a)、图 3 - 1(b)两个电路图基本一致,该电路的感光传感部件是一个半导体光敏电阻,即当有光照在光敏器件 RG_1 上时,光敏电阻 RG_1 阻值的大小将向减小的方向改变,因此,本电路将有两种状态:有光照和无光照。

当有光照在图 3 - 1(a)中的 RG_1 上时,三极管 VT_1 的基极电流因处于上偏电阻位置 RG_1 阻值的减小而增大,并产生后续电路一系列相应的动作,具体是:VT_1 基极电流 $I_b\uparrow$ ($\uparrow$表示增加),将有 VT_1 的集电极电流 $I_c\uparrow$,因此,VT_1 集电极的电位因 VT_1 的导通而降低,而 VT_2 的基极回路器件连接于 VT_1 的集电极上,那么也促使 VT_2 基极的电位下降,VT_2 进入截止状态。三极管 VT_2 因截止而切断了 LED 回路,LED 发光二极管灯不亮。

当光敏器件 RG_1 被遮住光线时,即无光照时,光敏电阻的阻值将向无穷大方向改变,由于光敏电阻 RG_1 与可变电阻 W_1 是串联的连接方式,因此,光敏电阻 RG_1 阻值的增加必然导致 RG_1 两端的压降升高,迫使三极管 VT_1 基极电流下降,三极管 VT_1 趋于截止状态,VT_1 的集电极电压升高,促使 VT_2 基极回路电流增加,VT_2 导通并驱动 LED 发光。

图 3 - 1(a)和图 3 - 1(b)两个电路图的信号控制流程原理是一致的,只是图 3 - 1

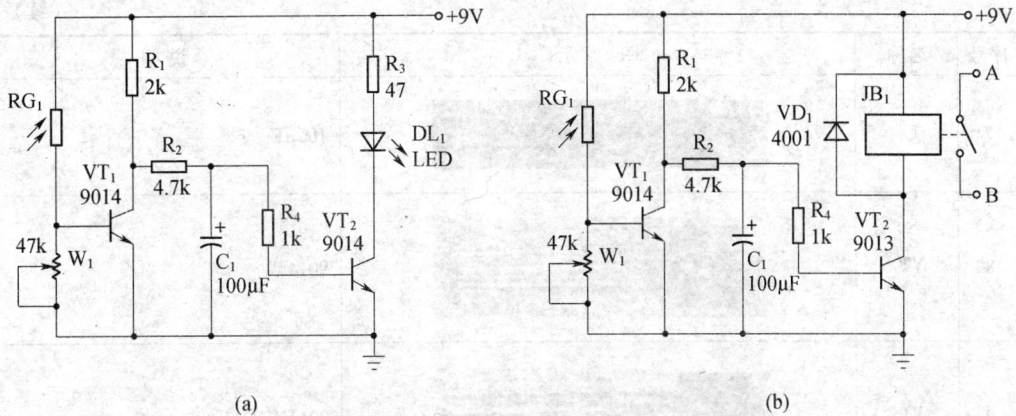

图 3 – 1 光控实验电路

(b)中的输出负载换成了继电器而已,便于连接控制其他电器的接入。需要说明的是:由于三极管驱动的是继电器电感线圈部分,当三极管由导通变为截止时,继电器的电感线圈将会产生较高的自感电动势,为了防止三极管集电结被击穿,在电路中设置了一个自感电动势释放二极管 VD_1,如此就能较好地保护三极管的正常工作。

2. 路灯自动控制器的制作与调试

本路灯自动控制电路共使用了 11 个电子元器件,具体见表 3 – 1。

表 3 – 1 元器件清单

序号	名称	图 示	说 明
1	R_1		电阻值:2kΩ 四色环:红 – 黑 – 红 – 银
2	R_2		电阻值:4.7kΩ 四色环:黄 – 紫 – 红 – 银
3	R_3		电阻值:47Ω 四色环:黄 – 紫 – 金 – 银
4	R_4		电阻值:1kΩ 四色环:棕 – 黑 – 红 – 银
5	W_1		电阻值:47kΩ 图示有两种微调电阻,可任选其一
6	RG_1		暗电阻:100kΩ ~ 500kΩ 均可

序号	名称	图　　示	说　明
7	C_1	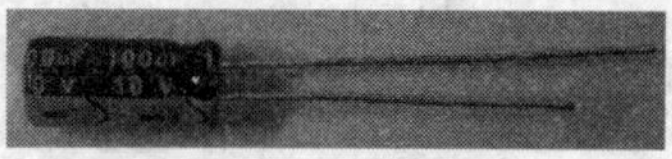	100μF
8	VT_1	 c b e	9014
9	VT_2	 c b e	9014（9013）
10	VD_1	 + −	发光二极管
11	JB_1	 常开 常闭　线圈	9V 继电器（4100）

本电路采用万用电路板作为焊接板,根据原理图的电路结构,首先要对所有元器件进行定位,由于使用万用电路板,器件的引脚方向不一定与实际连接点一致,更不会满足所有器件或引脚能就近连接。针对这些问题,可以采取反复多次将元器件摆放在电路板上,根据电路原理图上器件的相对位置和走线方向进行反复对比,必要时可以采取"纸上谈兵"的方式,即先在纸上将自己规划的方案画出来,以确认最佳器件安置方案。

器件位置确定后,还不能马上焊接,还需对所有电子器件进行检测。电阻器、电容器和三极管的测量,可将万用表功能旋钮扳至电阻挡"×1k"的位置进行检测(图3-2),100Ω以下的电阻器需将挡位扳至×10或×1挡。

测量光敏电阻 RG_1 时,可以选择在没有光源直接照射器件的室内光线下进行,先将万用表扳至"×10k"电阻挡,如图3-3所示,并将两只表笔分别与 RG_1 光敏电阻的两个引脚连接好,此时表针应有一定的阻值指示,其数值大小或指针偏转的大小视室内光线的强弱而定,如图3-4所示。由于通常情况下,常见的光敏电阻没有极性区分,两个引脚可随意调换测量和使用。当用手挡住光电二极管的感光面时,可以明显地观察到表针向左偏移,说明光敏电阻在光线减弱的情况下阻值增加了,说明此器件是好的。

图 3-2　电阻挡×1k

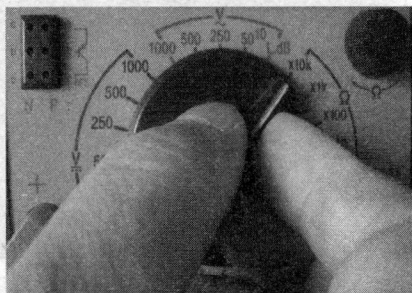

图 3-3　使用×10k 挡测量 LED

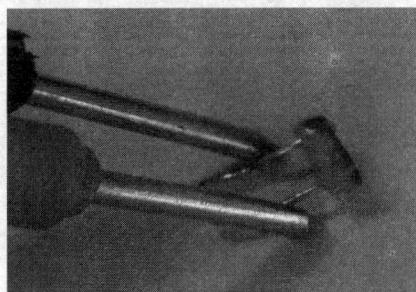

图 3-4　测量光敏电阻

由于发光二极管的导通电压为 1.5V 以上,因此,使用 1.5V 供电的普通指针式万用表的电阻挡(×1k 挡以下挡位)是不能测量或判断 LED 管的引脚极性,应将挡位调至 9V 供电的×10k 电阻挡,如图 3-5 所示,使用的是 47 型指针万用表。将黑表笔与 LED 较长的引脚连接,红表笔与 LED 较短的引脚连接,可以看到 LED 管发出弱的光线,表针也会明显向右偏转。说明指针式万用表的黑表笔所接的引脚为 LED 的正极端,另一只为 LED 发光管的负极引脚。

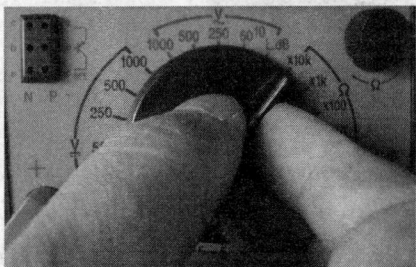

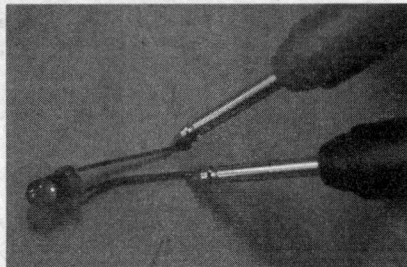

图 3-5　使用指针式万用表测量 LED 的情形

如果使用数字万用表测量,需将数字万用表功能开关搬至"—▷|—"挡位才能测量,如图3-6所示,将数字万用表的两只表笔与 LED 两个引脚相连接,如果连接正确,LED 将会发光,此时的红表笔连接的将是 LED 的正极引脚,黑表笔连接的是负极引脚,这一点正好与指针式万用表相反。

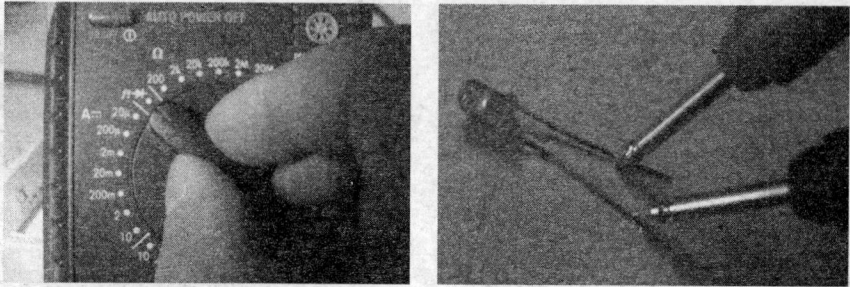

图 3 - 6   使用数字万用表测量发光二极管

所有元器件检测完毕后,就可以按照事先的定位安排,对元器件进行焊接。使用万用电路板焊接完成的光控电路板如图 3 - 7 和图 3 - 8 所示。

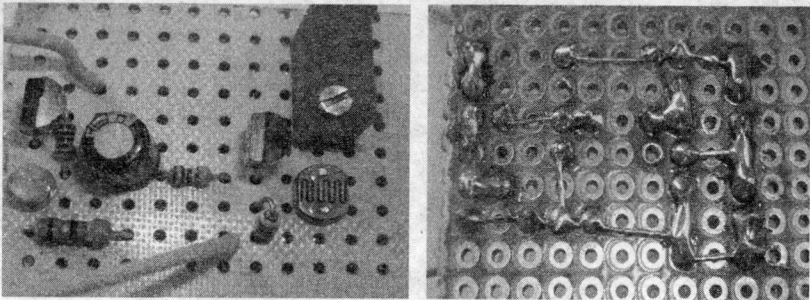

图 3 - 7   发光输出的光控电路板的正反面图

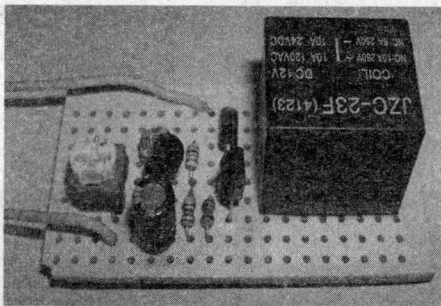

图 3 - 8   继电器输出的光控电路板

光电控制电路板制作完成后,由于采用万用电路板,对于初学的人来说,会有或多或少的问题或错误,应仔细核对实际器件及连接线与电路原理图是否相符,确认连接无误后,才可以进入通电和调试阶段。这里仅以发光输出的光控电路为例,来说明电路调试的过程。

接通电源后,注意观察电路板上的电子元器件的外部状态,如有异常(如冒烟等现象)出现,应立即关闭电源。

电源接通后,通常情况下 LED 灯因室内存在光线而不会发光,如图 3 - 9(a)所示。此时用手指遮住 RG_1 光敏电阻的感光面,若 LED 发光二极管没有发光,可以使用小平口起子调整 W_1,使其阻值减小,当 LED 发光二极管发光时,停止调整 W_1,如图 3 - 9(b)所

42

示。挪开遮挡在 RG₁ 光敏电阻上的手指,LED 发光二极管会因为 RG₁ 光敏感面得到光线而立即熄灭。至此,本项目光控电路板制作调试成功。

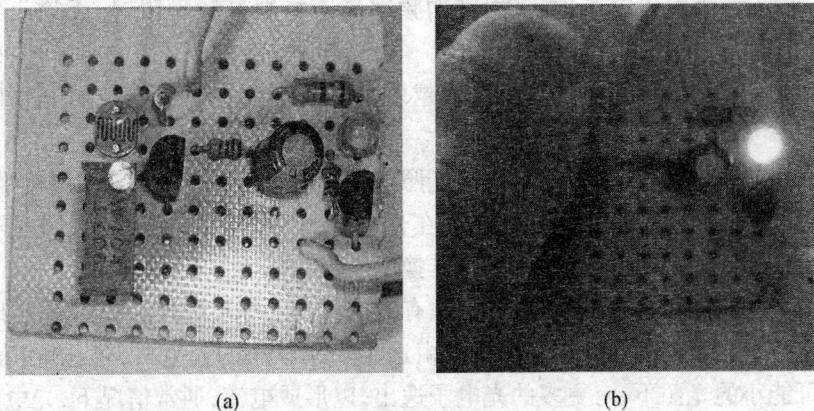

(a)   (b)

图 3-9   光控电路板的调试图

知识链接   光敏传感器的结构与原理

知识点 1   光电效应

所谓光电效应,就是当用光照射物体时,物体中的原子会受到一连串具有一定能量光子的轰击(图 3-10),于是原子中的电子吸收光子能量后而脱离原子核的束缚,由此引起相应的电效应。例如:物体的电导率发生变化,或物体原子有电子逸出以及产生电动势等。

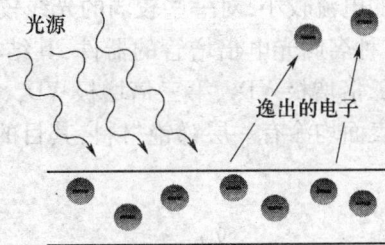

图 3-10   光粒子轰击物体

光电效应发生的概率与入射光子的能量以及介质原子序数有关,当光子的能量等于或略高于轨道电子的结合能时,就有可能发生光电效应,并且光电效应发生的概率随原子序数的增高明显增大。光电效应通常分为三类。

1. 外光电效应

在光粒子作用下,使得电子逸出物体表面的现象称为外光电效应,也称为光电发射效应。由光电效应而脱离物体表面的电子称为光电子,能产生光电效应的物质称为光电材料。基于外光电效应原理而制成的器件有真空式光电管和光电倍增管等。

不同的材料具有不同的逸出功,因此,对光电材料来说便有了一个频率限,这个频率限称为红频率限。当照射光线的频率低于材料红频率限时,无论入射光有多强,照射时间有多长,都不会激发出电子;当入射光的频率高于材料红频率限时,无论入射光的强度是多少,都会使被照射物体激发出电子。实践证明,光越强,在单位时间内射入光粒子的数量越多,激发出的光电子数目也就越多,光电流就越大,光电流与光强度为正比的关系。

图 3 – 11 是光电管的工作电路,当有光照射在光电管的阴极上时,将使得阴极板上有电子逸出,这些电子将被光电管阳极吸引,在光电管回路中形成电流 I_a,由此便在负载电阻两端产生压降,此压降信号可作为光电转换的输出信号 U_0。

图 3 – 12 为光电管的内部结构图,由涂有光电材料的球形阴极和圆柱形的阳极构成,并且封闭在一个真空玻璃容器内。阴极是由逸出功率较小的光电材料喷附在表面上,使其能在尽可能小的光照下,有更多的光电子逸出,以形成电流,通常情况下,光电管回路中的光电流是微安级。阳极导体的材料没有什么特殊要求。

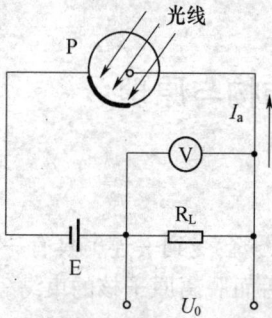

图 3 – 11 光电管电路

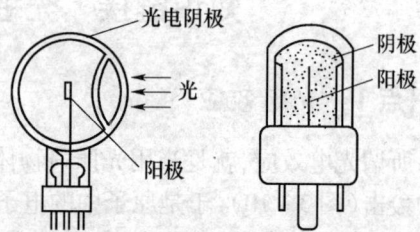

图 3 – 12 光电管的内部结构

由于普通光电管回路中的电流较小,对一些较弱的光线较难探测,为了提高光电管的探测灵敏度,人们又发明了一种名叫光电倍增管的器件,其结构如图 3 – 13 所示,由受光面阴极、第一倍增极 VD_1、第二倍增极 VD_2、第三倍增极 VD_3、第四倍增极 VD_4 和阳极构成。该光电倍增管所有电极表面均涂有一层锑铯材料,其目的是为了提高激发光更多的逸出电子。

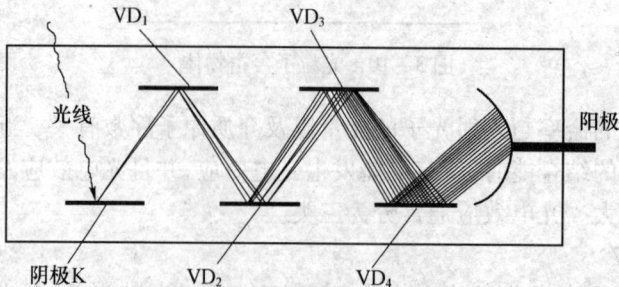

图 3 – 13 光电倍增管的结构图

光电倍增管的工作过程是:当有光线照射在阴极 K 上时,将在阴极表面激发出电子,该电子在电位较高的倍增极板 VD_1 吸引下,逸出的光电子撞击了 VD_1 极板,并在倍增极板 VD_1 上激发出二次电子,二次电子又在电位更高的 VD_2 的吸引下飞向 VD_2,又在 VD_2 极板激发出二次电子,同样的道理,在 VD_3 和 VD_4 极板上激发出更多的电子,最后由阳极集中收集起来,如此便得到更大的光电流。图 3-14 为光电倍增管的应用电路图。

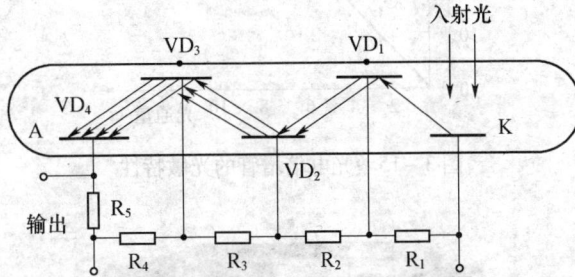

图 3-14 光电倍增管的工作电路图

1)光电倍增管的主要参数

(1)暗电流

光电倍增管在没有光线照射时,阳极回路仍有一个较小的电流,此电流称为暗电流。由此可知,光电倍增管在工作的时候,其阳极输出的电流是由暗电流和信号电流组成的。当信号比较强时,暗电流的影响就可以忽略不计,但当光线较弱时,信号电流与暗电流的大小极为接近,暗电流的细微变化都有可能对输出信号造成一定的影响。因此,光电倍增管的暗电流越小且稳定,可探测弱光线的能力也就越强。

(2)倍增系数

倍增管系数是各倍增极板被二次激发系数的乘积,用"M"表示。一个光电倍增管所设置的倍增极板越多,二次电子的数量越多。倍增系数 M 也就越大。

光电倍增管的放大倍数可达几万倍到几百万倍。光电倍增管的灵敏度就比普通光电管高几万倍到几百万倍。因此在很微弱的光照时,它就能产生很大的光电流。

2)光电倍增管的光谱特性

光谱特性反应了光电倍增管的阳极输出电流与照射在光电阴极上的光通量之间的函数关系。对于较好的管子,在很宽的光通量范围之内,阳极电流是线性的,由于光电倍增管的灵敏度较高,因此,在入射光通量较小的时候,光电管能有较好的线性关系。如图 3-15 所示,当光通量大于 10lx 时,开始出现非线性。不同的光电倍增管的光敏特性是有区别的,在实际使用时应注意查阅技术参数说明书。图 3-16 为光电管的实物图。

2. 内光电效应

在光线作用下,能使物体电特性发生变化的现象称为内光电效应,如果将这种物质接入电路中,在外电压的作用下,可由光照度来控制回路中电流的大小。典型的内光电效应器件是光敏电阻,其内部结构图如图 3-17 所示,由一个涂有一薄层半导体物质的玻璃底

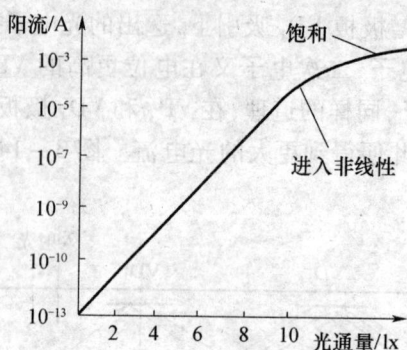

图 3 - 15   光电倍增管的光敏特性

图 3 - 16   光电倍增管的实物

板及两端的金属电极构成。光敏电阻就通过引出线端接入电路。为了防止周围介质的影响,在半导体光敏涂层上再覆盖一层薄薄的透光漆膜,透明漆膜的成分还能对不同波长的光谱进行过滤,使之能在光敏层最敏感的波长范围内透射率最大。

光敏电阻的伏安特性如图 3 - 18 所示,图中的三根直线对应不同光通量时的 U/I 关系,如:在 1000lx 的光通量照射时,其伏安特性曲线较为陡峭,而在 10lx 光通量的照射下,伏安特性曲线比较平缓。由此可见,光敏电阻的阻值在一定的电压范围内,其 U/I 曲线为直线,说明其阻值与加在光敏电阻两端的电压无关,仅与入射光量有关。图中的虚线为光敏电阻在不同的条件下的平均功耗。

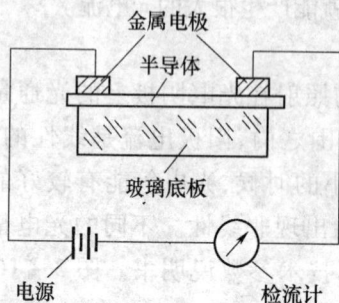

图 3 - 17   光敏电阻内部结构图

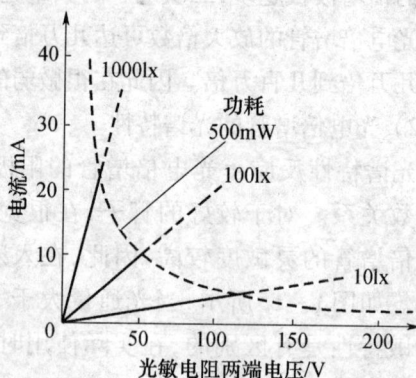

图 3 - 18   硫化镉光电二极管的伏安特性曲线

图 3 - 19 是采用半导体材料制作的光敏电阻,由于体积小、光灵敏度高及性能稳定等特点,被广泛应用于各种光控电路中。图 3 - 20 为光敏电阻的电路符号。

46

图 3-19　光敏电阻实物图　　　　　　　　图 3-20　光敏电阻电路符号

由于光敏电阻没有极性,在光线环境不变的情况下,可当做一个电阻器件,既可加直流电压,也可以加交流电压。无光照时,光敏电阻值所呈现的阻值称为暗电阻。有光照时所呈现的阻值为亮电阻。

从实用的角度出发,通常都希望暗电阻越大越好,亮电阻越小越好。两者相差越大,说明光敏电阻的灵敏度高。常用光敏电阻的暗电阻值一般在几百千欧到几兆欧,而亮电阻在几千欧以下。

3. 光生伏特效应

在光线作用下能使物体呈现出一定电动势的现象称为光生伏特效应。利用光生伏特效应制作的产品有很多,绝大多数是选用半导体材料,如图 3-21 所示。其光电转换过程是:当有光粒子入射光照射半导体 PN 结时,半导体内的电子由于吸收了光的能量而变得越加活跃,可使得 PN 结附近激发出电子更多的电子—空穴。这些活跃的载流子如果运动到 PN 结附近,就会在 PN 结内建电场 $E_内$ 的作用下分离。电子逆着 $E_内$ 的方向向 N 区运动,而空穴沿着 $E_内$ 的方向向 P 区移动。结果在 N 区边界积累了电子,在 P 区边界积累了空穴。这样就产生了一个与平衡态 PN 结内建场方向(由 N 区指向 P 区)相反的光生电场(由 P 区指向 N 区),即在 P 区与 N 区间建立了光生电动势。这样就把光能转化成了电能。若接上负载后,便形成电流。

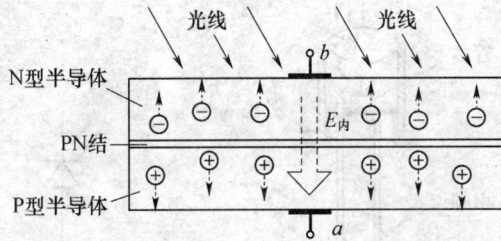

图 3-21　半导体材料光生伏特效应示意图

典型的光生伏特产品是光电池,主要采用硅(Si)、硫化镉(CdS)和砷化镓(GaAs)等材料制成,其结构示意图如图 3-22 所示,每一个光电池都有一对电极,即正极和负极。图 3-23 为硅光电池的实物。

知识点 2　什么是光电传感器

光电传感器是以光电效应为基础,将光信号转换为电信号的传感器。可以作为检测因各种因素引起的光线强弱变化的非电量。例如:测量光强、红外辐射以及光谱分析等。由于光—电转换响应的速度快,因此被广泛应用于各种高速变化信号的非接触检测。

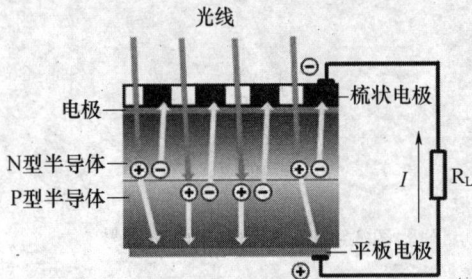

图 3-22　硅光电池的结构图

图 3-23　硅光电池板实物图

1. 光敏传感器的种类

常用的光敏传感器有光敏电阻、光电二极管、光电三极管、光电耦合传感器、对射型光电传感器、反射型光电传感器以及热释红外传感器等。下面将逐一介绍(光敏电阻除外)。

(1) 光电二极管

光电二极管与普通半导体二极管在结构上是相似的。图 3-24(a)是光电二极管的结构图。在光电二极管管壳上有一个能射入光线的玻璃透镜,入射光通过透镜正好照射在管芯上。发光二极管管芯是一个具有光敏特性的 PN 结,它被封装在管壳内。发光二极管管芯的光敏面是通过扩散工艺在 N 型单晶硅上形成的一层薄膜。光电二极管的管芯以及管芯上的 PN 结面积做得较大,而管芯上的电极面积做得较小,PN 结的结深比普通半导体二极管做得浅,这些结构上的特点都是为了提高光电转换的能力。另外,与普通半导体二极管一样,在硅片上生长了一层 SiO_2 保护层,它把 PN 结的边缘保护起来,从而提高了管子的稳定性,减少了暗电流。

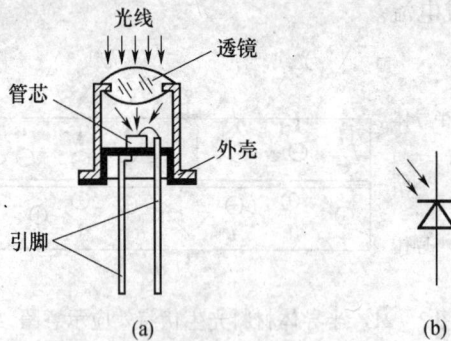

图 3-24　光电二极管结构及电路符号

硅半导体材料光电二极管的伏安特性曲线如图 3-25 所示,反向光电流与光照度之间的关系如图 3-26 所示。

光电二极管的 PN 结具有单向导电性,因此,光电二极管工作时应加上反向电压。

当无光照时,光电二极管也有很小的反向饱和漏电流,一般为 $1 \times 10^{-8} A \sim 1 \times 10^{-9} A$,也称为暗电流;当有光照射时,PN 结附近受光粒子的轰击,半导体内被束缚的价电子吸收了光子的能量而更显活力,更多的电子挣脱了原子核的束缚而成为自由电子,迫使 P 区和 N 区的少数载流子的浓度大大提高,在反向外电压作用下,反向漏电流开始增

48

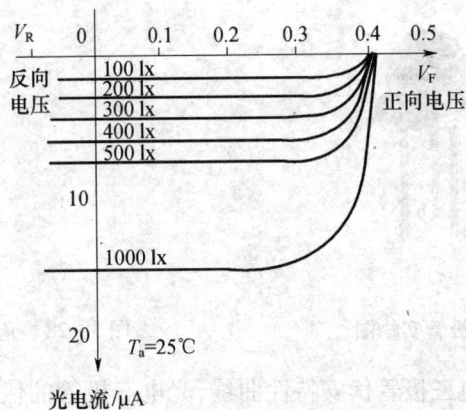

图 3-25　光电二极管伏安特性

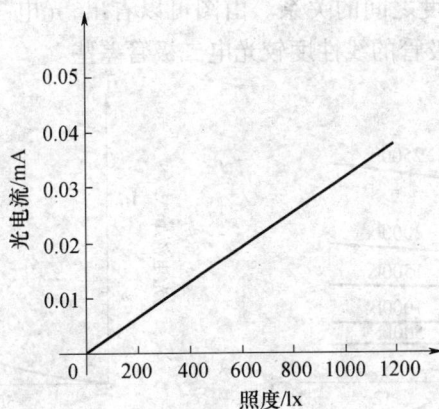

图 3-26　光电流与照度的关系

加,形成光电流,并随着入射光线强度的变化而作相应变化。

(2) 光电三极管

光电三极管与普通半导体三极管一样,是采用半导体制作工艺制成的具有 NPN 或 PNP 结构的半导体管。它在结构上与半导体三极管相似,它的引出电极通常只有两个,也有三个的。其外部形状如图 3-27 所示,管子的芯片被装在带有玻璃透镜金属管壳内,当光照射时,光线通过透镜集中照射在芯片上,在集电结区域激发产生的电子—空穴对,增加了少数载流子的浓度,使集电结反向饱和电流大大增加,该电流注入发射结进行放大,从而产生较大的集电极与发射极间的电流。由此可见,光电三极管不仅仅是光敏器件,而且利用普通半导体三极管的放大作用,将光电流放大了,因此,光电三极管比光电二极管具有更高的灵敏度。图 3-28 为光电三极管的电路符号。

针对于 NPN 型光电三极管,其集电极接高电位,发射极接低电位。当无光照射时,流过光电三极管的电流,就是正常情况下光电三极管集电极与发射极之间的穿透电流 I_{ceo},在这里称为光电三极管的暗电流。在有光照射时(规定光照度),流过光电三极管的电流称为光电流,光电流越大,说明光电三极管的灵敏度越高。

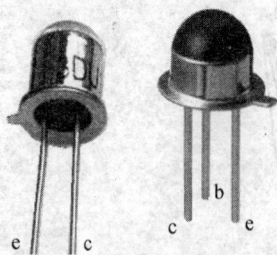

图 3-27 光电三极管实物图

图 3-28 光电三极管电路符号

图 3-29 所示是光电三极管伏安特性曲线,光电三极管的伏安特性是指在给定的光照度下光电三极管上的电压与光电流的关系。

图 3-30 为光电三极管的光电特性曲线,光电三极管的光电特性反映了当外加电压恒定时,光电流 I_L 与光照度之间的关系。由图可以看出,光电三极管的光电特性曲线向上弯曲着,反映出光电三极管的线性度较光电二极管差些。

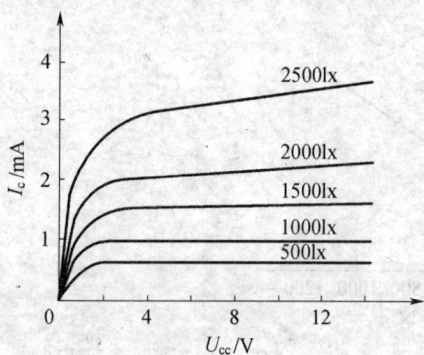

图 3-29 光电三极管伏安特性曲线

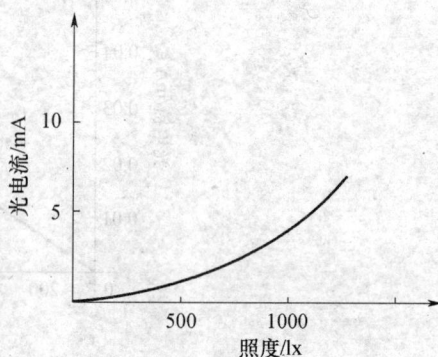

图 3-30 光电三极管的光电特性

由于光电三极管具有一定的放大作用,因此较适合作为光电开关的感光器件。图 3-31 所示电路就是一个实用的光控电路。当有光照在光电三极管的光敏窗口上时,由于光电三极管 3DU2 与普通三极管 VT_1 构成达林顿形式,电路放大增益很大,集成电路 μA741 主要是起到比较的作用,即当有光时,集成电路 μA741 将输出低电平,促使 VT_2 导通,并驱动继电器吸合。完成了一次光控过程。

(3) 光电耦合传感器

将一个光发射装置和一个光电转换器相对装在一个容器里,且中间有一个槽形缺口的装置,就构成了槽型光电耦合传感器,简称槽型光耦。电路符号如图 3-32 所示。槽型光耦由一个发光二极管和一个光电三极管件组成,当发光器件发出光线时,光电三极管因受光照而开始导通,光线越强,光电三极管的导通程度也就越深。图 3-33 为槽型光耦的实物。当有物体进入中间的槽型缺口时,发光器件发出的光线被挡住,光电三极管因无法获得光线而处于截止状态。当遮挡物离开槽型缺口时,接收端的光电三极管因重新获得光线而导通。

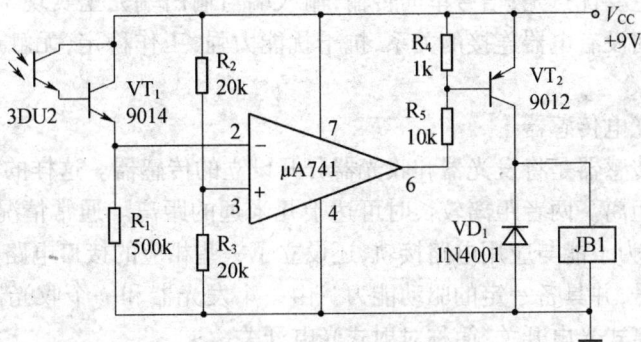

图3-31　光电三极管应用电路图

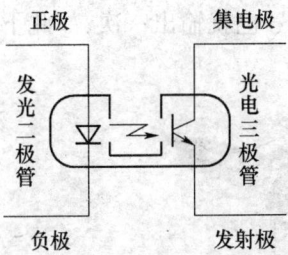

图3-32　槽型光耦的电路符号

图3-33　槽型光耦的实物图

在实际应用中,由于该光电传感器的输出端常处于两种状态,即导通或截止的开关控制信号,因此,也常把这种光电传感器称为光电开关。

还有一种光电耦合器是全密封的,与前者的区别是:光发射部件与光接收部件之间没有槽型的开口,而是完全密封的。其电路符号如图3-34所示,也是由发光器件和光电三极管构成的。全密封光耦实物图如图3-35所示,外表很像普通的集成电路的封装。

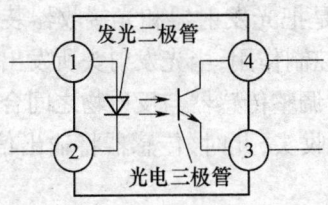

图3-34　密封式光耦电路符号

图3-35　密封光耦实物图

光耦合器(Optical Coupler,OC)亦称光电隔离器,简称光耦。光耦合器以光为媒介传输电信号。它对输入、输出电信号有良好的隔离作用,所以,它在各种电路中得到广泛的应用。目前它已成为种类最多、用途最广的光电器件之一。

由于光耦合器的输入端属于电流型工作的低阻元件,因而具有很强的共模抑制能力。所以,它在长线传输信息中作为终端隔离元件可以大大提高信噪比。在计算机数字通信及实时控制中作为信号隔离的接口器件,可以大大增加计算机工作的可靠性。

光耦合器的主要优点是:信号单向传输,输入端与输出端完全实现了电气隔离,输出信号与输入端之间没有电器连接的关系,抗干扰能力强,工作稳定,无触点,使用寿命长,传输效率高。

（4）对射型光电传感器

对射型光电传感器是将发光器和收光器分开设立的传感器。这样的布置是为了加大二者之间的检测距离。两者距离较长时可达十几米远的距离。通常情况下,接收头不仅仅是光敏传感器,为了能与应用电路接轨,还设立了一些相应的接口电路。其输出一般为脉冲式的开关信号,并具备一定的驱动能力。由一个发光器和一个收光器组成的光电开关就称为对射分离式光电开关,简称对射式光电开关。

图3-36所示为产品生产额度自动记录器的安置情况,当传送带向前运动时,传送带上的产品也必将同步运动向前,当产品挡住光线时,接收端的光电接收头因失去光线的照射而输出开关信号,产品经过一次,光线将被遮挡一次,信号也就输出一次,如此下去,产品的数量被一个个记录下来。

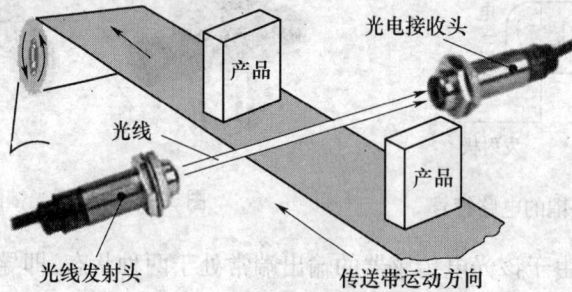

图3-36 采用对射式光电传感器的生产线

为了减少环境中光线的影响,防止光电传感器的误动作,一些光电传感器对光线进行了特殊的处理,如对光线进行了调制等。因此,在选用对射型光电传感器时应注意关注光电传感器的使用条件等技术参数。

（5）反射型光电传感器

反射型光电传感器的内部结构如图3-37所示,是把光发射器和光接收器装入同一个装置里,这种光电传感器利用光反射原理完成光电控制作用,当光发射头所发出的光线被前方反射物阻挡时,光线将以一定的角度反射回来,调整传感器与反射物之间合适的角度或距离,可使反射光可以刚好进入光电传感器的接收头,此时,传感器将输出信号(高电平或低电平)。

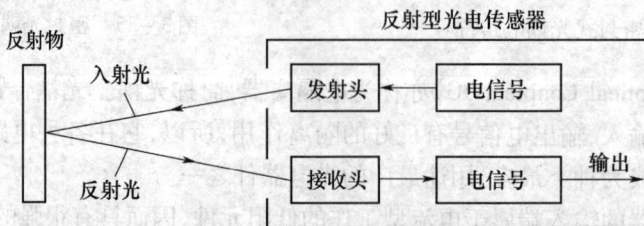

图3-37 反射型光电传感器的结构框图与传感原理

52

图 3-38 为反射型光电传感器测试飞轮转速上的应用,图中的飞轮上粘上一片反光片,当飞轮高速旋转时,飞轮上的反光片将一次次将入射光反射回去,并被该光电传感器接收、输出,再有后续电路处理后可以直接显示飞轮的转数。图 3-39 为成品的反射型光电传感器的实物图。

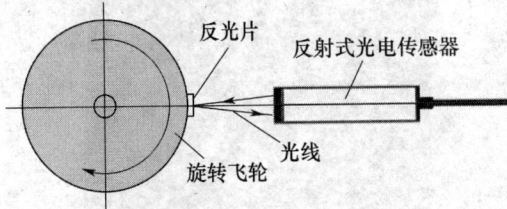

图 3-38 反射型光电开关

图 3-39 成品的反射型光电传感器的实物图

(6) 热释红外传感器

热释红外传感器是基于红外光的热电效应原理的热电型红外传感器。其内部的红外热感单元由高热电系数的铁钛酸铅汞陶瓷以及钽酸锂、硫酸三甘铁等配合滤光镜片窗口组成,当有热红外光照进该窗口时,其内部单元将出现极化现象,且极化方向与大小将随温度的变化而变化。为了抑制因自身温度变化而产生的干扰,该传感器在工艺上将两个特征一致的红外热感单元反相串联连接,如图 3-40 所示。如此便形成差动平衡电路方式,因而能以非接触式检测出物体放出红外光线的能量变化,并将其转换为电信号输出。由于红外热感单元输出的是电荷信号,并不能直接使用,因而引入一个 N 沟道结型场效应管应接成共漏形式,即构成源极跟随器,以此来完成阻抗变换的任务,便于后续电路的使用。图 3-41 为热释红外传感器的实物图,外观类似一个普通三极管,外壳顶部有一个可以透过红外热辐射的小窗口,并在窗口上加装了一块干涉滤波片。这种滤波片除了允许某些波长范围的红外辐射线通过外,还能将灯光、阳光和其他红外辐射拒之门外。

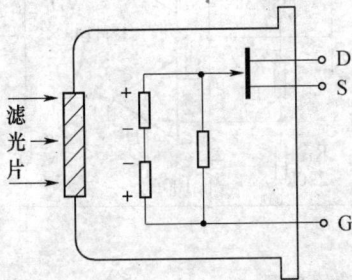

图 3-40 热释红外传感器内部结构

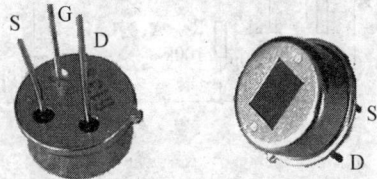

图 3-41 热释红外传感器的实物图

根据热释红外传感器原理,人们制作出一种热释红外防盗探测器,该探测器能在一定的范围内探测出能散发热释红外线的物体,如包括人类在内的各种恒温动物等。防盗探测器的实物如图 3-42 所示。图 3-42(a)是热释红外传感器的内部元器件的分布情况。

热释红外探测电路的典型原理结构图如图 3-43 所示,当人体辐射的红外线通过菲涅耳透镜被聚焦在热释红外传感器的探测单元上时,电路中的传感器将输出电压信号,该信号先由 A_1 和 A_2 进行电压放大,然后再由 A_3 和 A_4 组成的窗口比较器进行信号幅度比

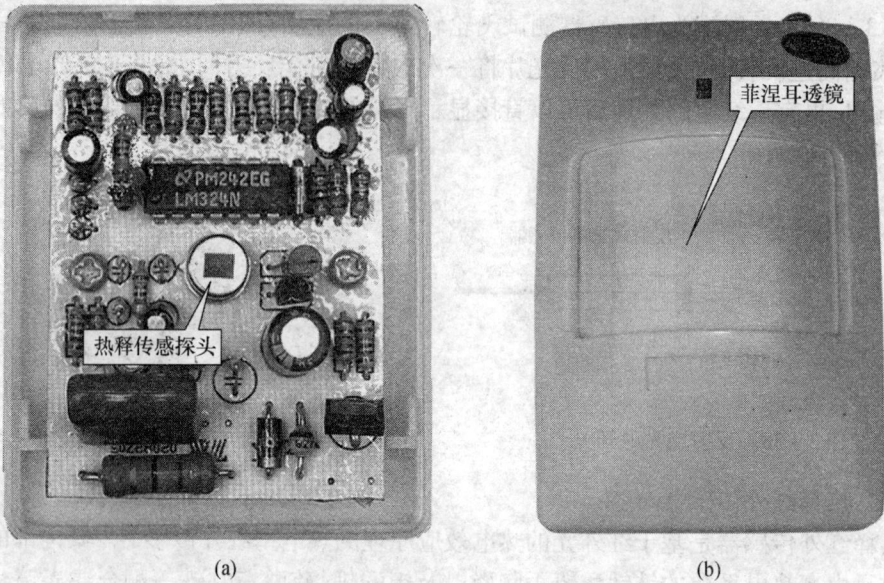

图 3 – 42 热释红外探测器

（a）热释红外探测器内部电路；（b）热释红外探测器的外部图。

较,若运算放大器 A_2 输出信号幅度超过窗口比较器的上限或下限时,A_3 或 A_4 将输出高电平信号。二极管 VD_1 和 VD_2 组成了一个或门逻辑电路,用以完成稳定控制信号的作用。

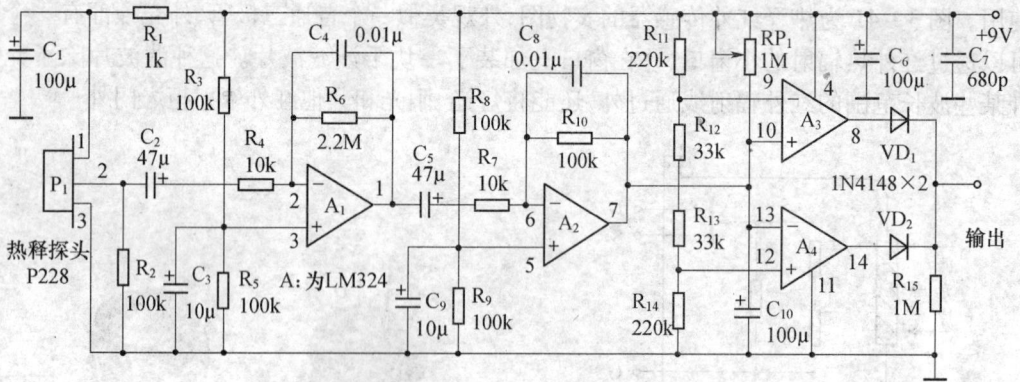

图 3 – 43 热释红外探测电路原理图

热释红外探头具有本身不发射任何类型的辐射、隐弊性好、器件功耗很小、价格低廉等优点。但是,被动式热释红外探头也有缺点,如:

① 信号幅度小,容易受各种热源、光源的干扰。

② 穿透力差,人体的红外辐射容易被遮挡,不易被探头接收。

③ 容易受到射频辐射的干扰。

④ 环境温度和人体温度接近时,探测灵敏度明显下降。

⑤ 主要检测的运动方向为横向运动方向,对径向方向运动的物体检测能力比较差。

54

项目学习评价小结

1. 学生自我评价

（1）填空题

① 光电传感器是以（　　）为基础,将光信号转换为（　　）的传感器。

② 光电三极管比光电二极管具有更高的（　　）。

③ 光耦合器的主要优点是:信号单向传输,（　　）与（　　）完全实现了电气隔离,（　　）信号与（　　）之间没有电器连接的关系,抗干扰能力强,工作稳定,无触点,使用寿命长,传输效率高。

（2）问答题

① 简述图 3 - 1 所示光控电路的调试过程。

② 简述热释红外探头的检测原理。

2. 项目评价报告表

项目名称:					组别:		学生姓名:	
项目实施于:		年　月　日 至　年　月　日						
项目过程评价			评分依据				得分	
小组评价	学习态度20分		按时参加,且无迟到早退现象(迟到一次扣1分)		得5分			
			积极参与项目制作与讨论		得5分			
			认真完成实验记录和作业者(未完成者,一次扣2分)		得10分			
	团队精神40分		相互尊重,关心他人		得15分			
			能协助他人理解者		得15分			
			能提出整改意见(未被采纳者只得1分)		得10分			
	成绩与收获20分		能说出项目的基本功能		得2分			
			理解项目工作原理		得5分			
			具备独立完成调试能力		得13分			
	安全意识20分		按照操作规程进行实验者(无论大小事故,均不得分)		得20分		总得分:	
教师评语								
专家评语:					综合得分:			

项目四　超声波遥控器的制作

项目情景展示

一辆汽车缓缓地驶进了小区，并在一座楼的旁边停了下来，几秒钟后，楼房的一个拉闸门自动慢慢地向上拉起，之后汽车开进了车库中。咦，车库中以及周边没有人啊？车库门是怎么开的呢？正想着，司机已经下车，并走出了车库，随后按了按手中的一个小装置，车库门开始向下关闭。哦……原来那位司机的手里有一个遥控器，就是通过这个装置完成车库大门的遥控开启。

其实，现代社会里有很多这样的实例，如家用电视以及空调等，都是可以通过遥控完成对家用电器的控制。下面，通过自己动手制作一个超声波遥控器来感受一下遥控的过程。

项目学习目标

	学习目标	教学方式	学时
技能目标	1. 掌握示波器检测振荡电路的信号。 2. 超声波收发电路的制作与调试	讲授、学生实作	5
知识目标	声波传感器的种类及其工作原理	讲授	2

任务一　超声波遥控器的电路分析

无论何种遥控器，一般分为两个部分：遥控信息发送部分和遥控信息接收部分。有的是一个发送器遥控一个接收器，也有一个遥控器遥控多个接收器以及多个发送器遥控一个接收器。这里介绍的超声波遥控器是一对一的遥控。

1. 超声波遥控发送器

图 4-1 是超声波遥控发送器的电路原理图，由 NE555、三极管 VT_1、超声波发射头以及若干电阻器、电容器等组成。电阻 R_1、R_2、C_1、C_2 与 NE555 构成一个无稳态振荡器，振荡频率为 $1.44/(R_1+R_2)\times C$，振荡信号由 NE555 的 3 脚输出，经由 R_5 送给三极管进行放大，最后推动超声波发射探头将振荡信号转换为超声波发送出去。

电路中的 R_3 和 VD_1 组成了一个简易并联式稳压电路，使得以集成电路 NE555 为核心的振荡电路输出频率免受电源电压的牵制。

2. 超声波遥控接收器

超声波信号接收电路如图 4-2 所示，由超声波接收探头、一级放大器、信号比较器以

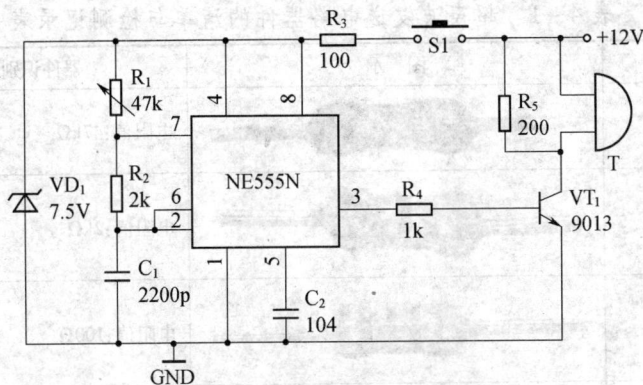

图4-1 超声波发送器的电路原理图

及信号驱动显示电路组成。当接收探头（R）接收到超声波信号时，被拾取的信号通过 C_1、R_1 送给随后的运算放大器 U_1 进行放大，信号由 μA741 的 2 脚进入，放大的信号由 6 脚输出，并送给由 U_2 组成的比较器，对信号进行比对判断，当有超声波信号时，U_2 的 6 脚将有较大幅度的信号输出，经过电容器 C_4 和电阻器 R_{11} 送给 VT_1 进行功率放大，最后驱动 LED 发光二极管发光。

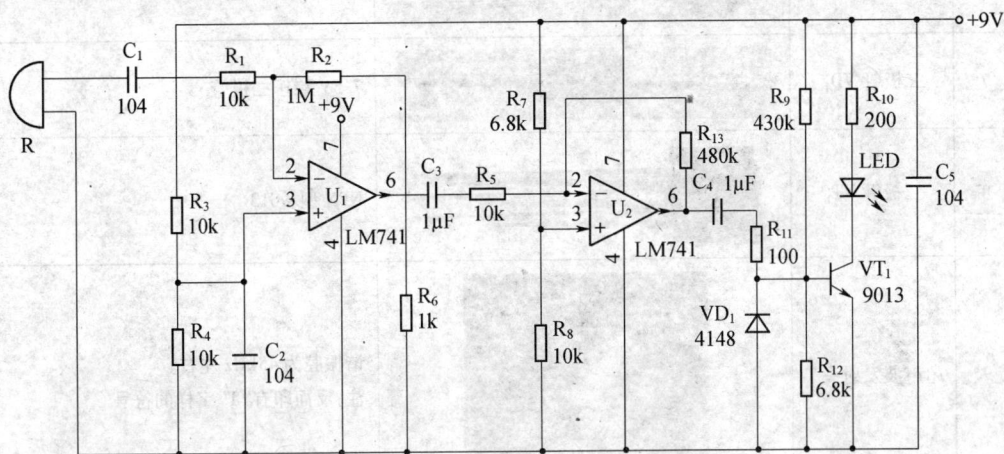

图4-2 超声波接收器的电路原理图

任务二　超声波遥控器电路的制作

由于本项目中的超声波遥控器的电路较为简单，因此，发送器和接收器均选择使用万用电路板作为固定器件与连接线的基板。

1. 超声波遥控发送器的制作与调试

超声波发送电路器件的清单见表 4-1。本电路中的所有电阻器件的功率可采用 1/16W 以上，电容器除了 C_1 外，其他器件的参数也没有特殊的要求，实践证明，只要参数接近就能满足电路的正常工作。

表4-1　超声波发送电路器件的清单与检测记录表

序号	名称	图　示	器件识别与检测说明
1	电阻器 R_1		电阻值:47kΩ
2	电阻器 R_2		电阻值:2kΩ
3	电阻器 R_3	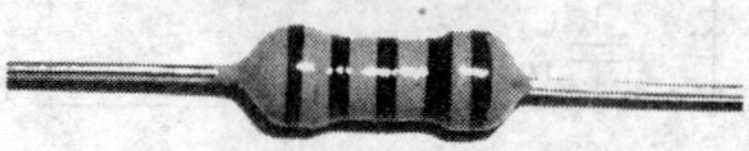	电阻值:100Ω
4	电阻器 R_4		电阻值:1kΩ
5	电容器 C_1		2200pF
6	电容器 C_2	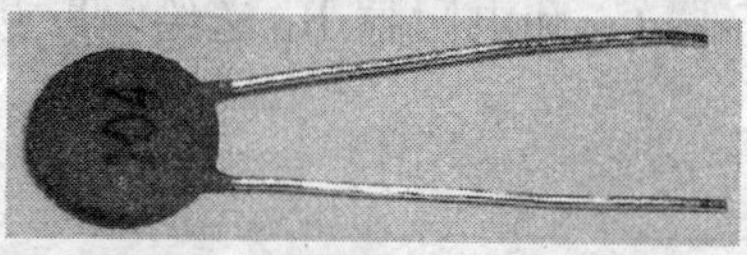	0.1μF(104)
7	二极管 VD_1		7.5V 稳压二极管
8	三极管 VT_1	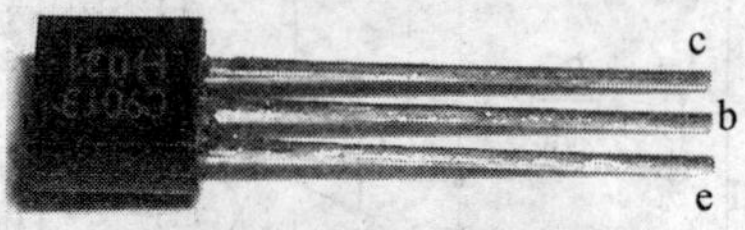 c b e	NPN 型:9013
9	超声波发射头 T		谐振腔为 45kHz 左右。 注:反面印有"T"字样的符号
10	开关 S		这里选用的是带锁的按键开关,也可以根据实际情况选用其他形式微型开关,如微型搬动开关等

　　制作完成的超声波发射器如图4-3所示,图4-4为使用万用电路板焊接面的图片,在制作焊接前应首先确定元器件的位置,再使用导线按照电路原理图将器件连接起来。制作完成后,应仔细核对走线是否正确,确认无误后,就可以接上电源进入调试阶段。

图 4-3 超声波发送电路板元件面

图 4-4 超声波发送电路板焊接面

调试步骤见表 4-2。确认了电路走线正确,但在开启电源时还是要注意观察电路板的情况,本超声波发射板的工作总电流小于 100mA,如电流过大应立即切断电源,查找原因。由于采用 NE555 集成电路,外围电子元器件较少,只要不错误走线,接通电源后,以集成电路 NE555 为核心的振荡电路就可以正常工作。

表 4-2 超声波发送电路的调试步骤

步骤	图 示	说 明
1	 测量实验稳压电源电压	接通电源后,首先应检查电源电压是否与标称供电电压一致。然后再与待测电路板相连接。 超声波发射电路板的供电电压为 12V
2	 将万用表扳至 500mA 挡　　万用表指示	将万用笔扳至 500mA 的电流挡,测量发射板总电流。 注:不同厂牌的 NE555 集成电路,其电流大小也有不同
3	 将万用表转至电压测量　　显示电压值为 7V	检查 NE555 的 8 脚与 1 脚之间的电压是否为 7V 左右

步骤	图 示	说 明
4	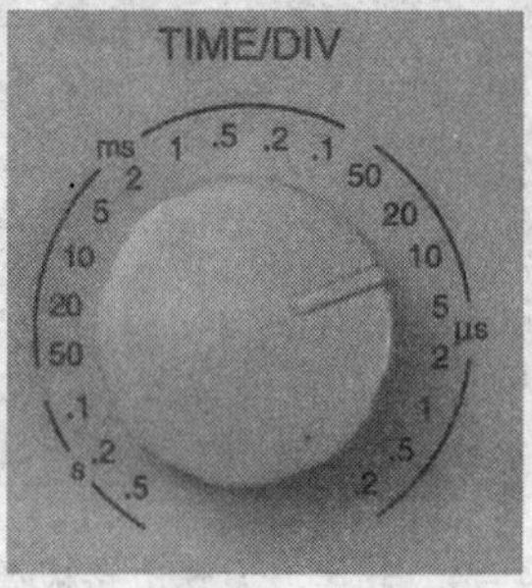 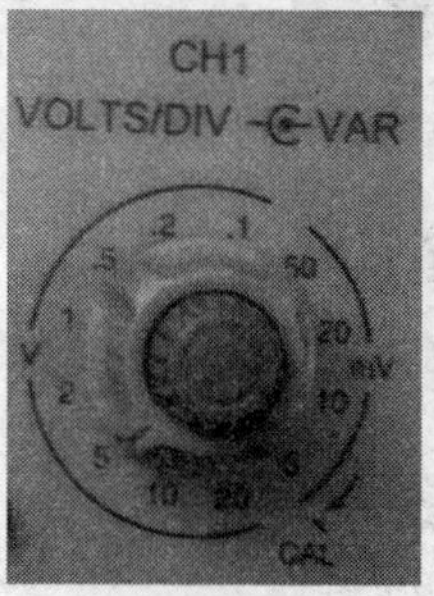 示波器时基扫描旋钮 　 Y轴衰减挡位	如果使用模拟示波器来观察NE555引脚的波形,应事先设置好相应的功能开关:将模拟示波器时基扫描旋钮调至10μs挡位。Y轴扳至5V挡位
5	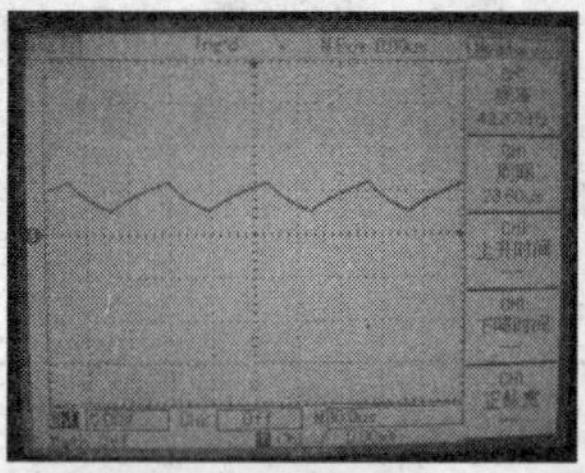 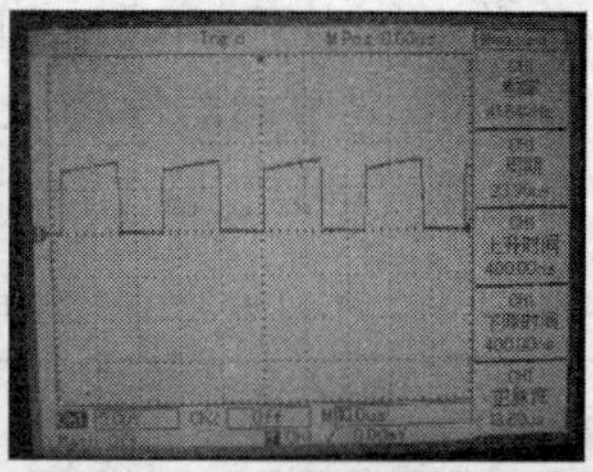 NE555-2脚波形 　 NE555-7脚波形	使用数字示波器测量时,可以选用自动测量方式进行,具体如下。 测量2脚的波形: 将示波器的探头衰减开关扳至×1挡,探头的地端连接在超声波发射板的电源负端,探针接触NE555的2脚。正常情况下应能观察到如左图所示的波形
6	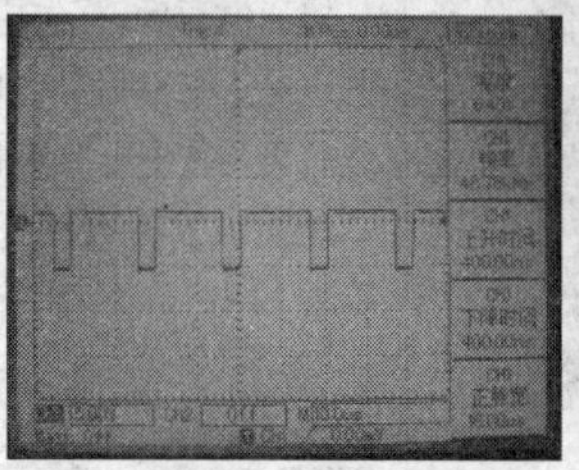 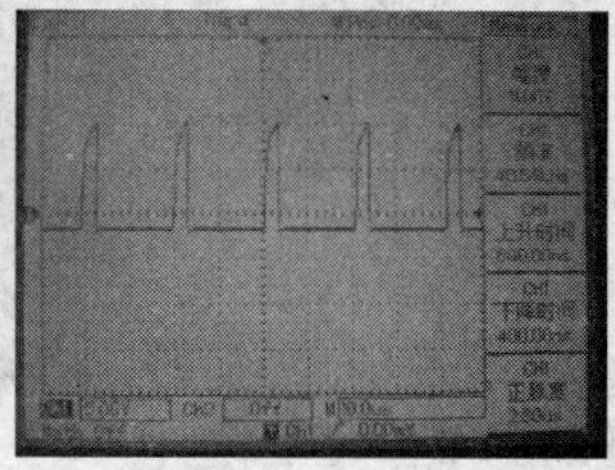 NE555-3脚波形 　 三极管VT$_1$集电极波形	VT$_1$是超声波电信号的功率输出级,该管工作于开关状态,且与基极反相,因此其工作效率可达70%以上。信号输出的幅度应大于10V
7	  调整R$_1$ 　 频率显示	条件允许的情况下,应使用频率计测量NE555的3脚输出信号的频率值。 将频率计探头与3脚相连,调整可变电阻R$_1$,使NE555输出的信号频率为45kHz左右

　　为了提高振荡频率的稳定性,NE555的工作电源电压不能太高,在电路中专门设置了7.2V并联稳压电路,因此,在接通电源后,应首先测量NE555的8脚与1脚的电压值,正常情况为7V左右。为了减小NE555的功率消耗,降低发热量,其负载也不能太重,3脚的信号输出没有直接送到负载,而是通过三极管进行隔离与放大。

2. 超声波遥控接收器的制作与调试

　　由于工作电压较低,待机电流极小,本电路中的所有电阻器件对功率没有要求,可采用任何直插式电阻器件。接收电路电子元器件见表4-3。

表4-3 超声波接收电路电子元器件的清单

序号	名称	图 示	数量	器件识别与检测说明
1	R_1、R_3、R_4 R_5、R_8		5	电阻值:10kΩ 四色环:棕-黑-橙-金
2	R_2		1	电阻值:1MΩ 五色环:棕-黑-黑-黄-棕
3	R_6		1	电阻值:1kΩ 五色环:棕-黑-黑-棕-棕
4	R_7、R_{12}		2	电阻值:6.8kΩ 五色环:蓝-灰-黑-棕-棕
5	R_9		1	电阻值:430kΩ 五色环:黄-橙-黑-棕-棕
6	R_{10}		1	电阻值:200Ω 五色环:红-黑-黑-黑-棕
7	R_{11}		1	电阻值:100Ω 五色环:棕-黑-黑-黑-棕
8	R_{13}		1	电阻值:680kΩ 五色环:蓝-灰-黑-橙-棕
9	C_1、C_2 C_4、C_5	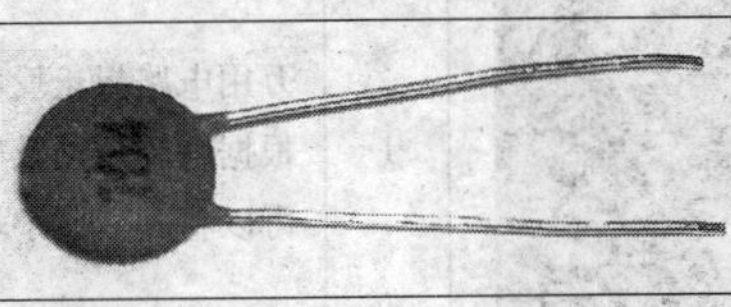	4	瓷片电容器 标称:104(即0.1μF)
10	C_3	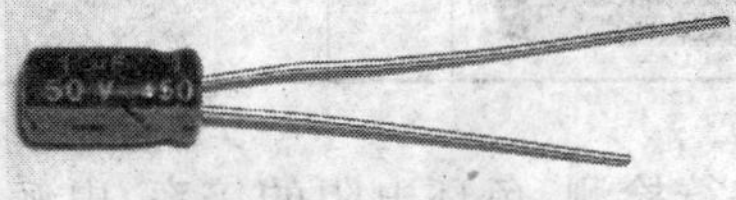	1	电解电容器:标称值1μF。 钽电解电容器常标为105
11	U_1、U_2	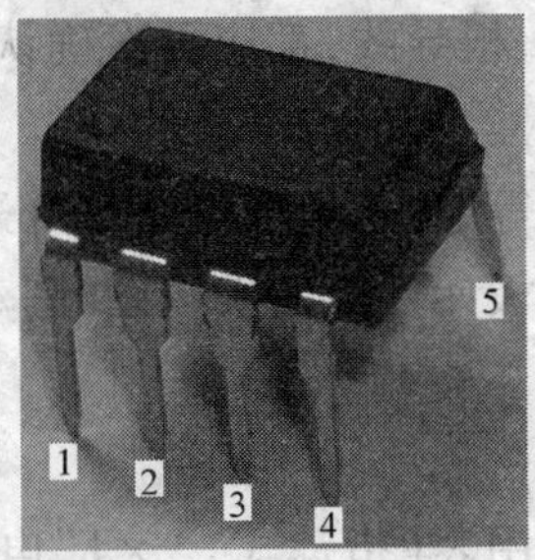	2	8脚DIP封装的单运放集成电路

序号	名称	图　示	数量	器件识别与检测说明
12	IC 插座		2	DIP 封装的 8 脚集成电路插座
13	VD_1		1	1N4148 开关二极管
14	VT_1	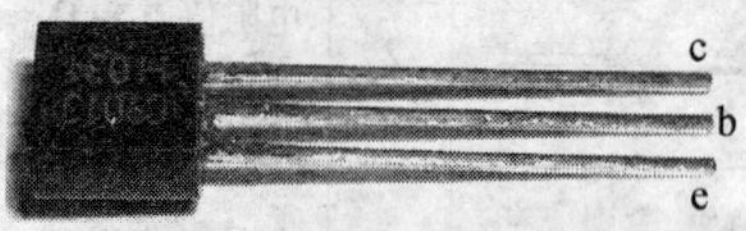	1	NPN 型三极管
15	LED		1	LED 发光二极管,常用规格有:①直径 3mm; ② 直径 5mm
16	R		1	超声波探头,选用时可查看探头反面所印的字符,接收头有"R"的字样
17	万用电路板		1	万用电路板正反面。根据电路规模及所选用元器件的体积,可以将其裁成小块使用

　　在制作前应对所有的电子元器件进行检测,色环电阻的倍率、电解电容器、二极管以及集成电路的引脚方向容易出错。每焊接一根导线,都应再次确认器件引脚编号及信号走向,以确保装配正确。

　　对于初学者来说,为了防止因操作失误等原因,集成电路最好采用插座形式安装,便于器件损坏后更换。图 4 - 5 为超声波接收板元件面的实物图,图 4 - 6 为该电路板的焊接面图,制作焊接时可以参照执行。

3. 超声波遥控器的制作与调试

　　超声波接收电路板焊接完成后,先用万用表(指针式)"×1"电阻挡测量一下电源的

图 4 - 5　超声波接收板元件面图

图 4 - 6　超声波接收板焊接面图

超声波接收板的正、负极之间是否存在短路的现象,正常情况下,万用表的表针在无穷大的位置附近,说明电路板无短路,可以通电做进一步的测试。电路板的调试步骤见表4 -4。

表 4 -4　超声波接收电路板的调试步骤

步骤	图　　示	说　　明
1		将稳压电源电压选择旋钮旋至8V,然后使用万用表电压挡测量其实际输出的电压值
2		将安装完成的超声波发射板与接收板相距 200mm 左右相对放置,由于超声波传感器的指向性较强,应使两只传感器尽量对准

步骤	图　　示	说　　明
3	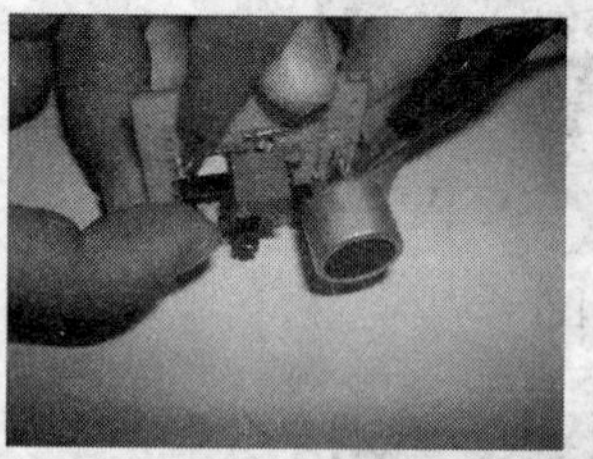 按下发射按钮 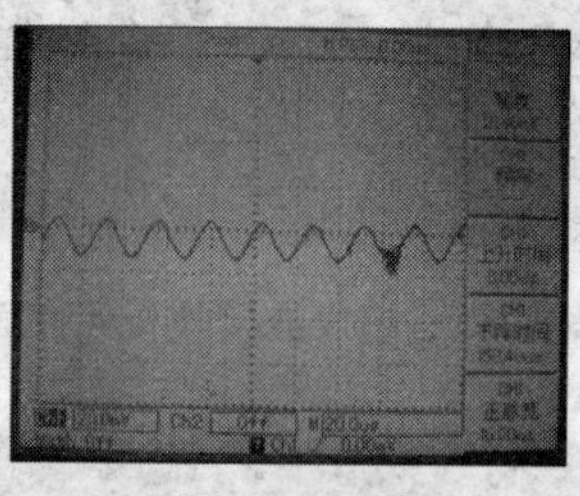　　　　　探头 R 两端的波形	1. 将示波器探头连接在 C_1（任何一侧）上，地端与接收板负极相连。 2. 按下发射板按钮，可以观察到接收探头所接收到的信号波形。信号幅度视两探头的距离而定
4	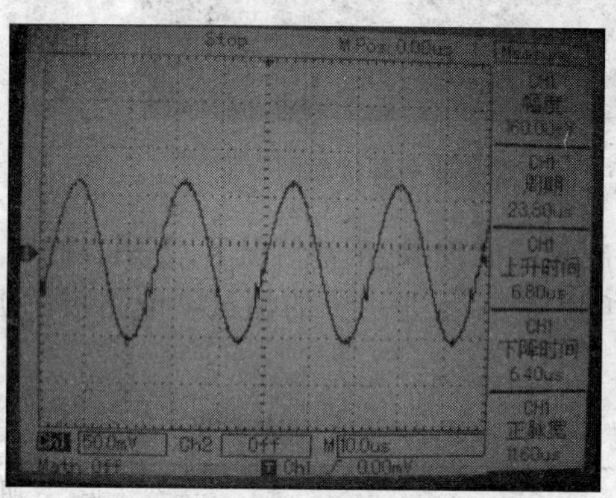	将探头与 U_1 的 6 脚连接，测量 U_1 放大的信号
5	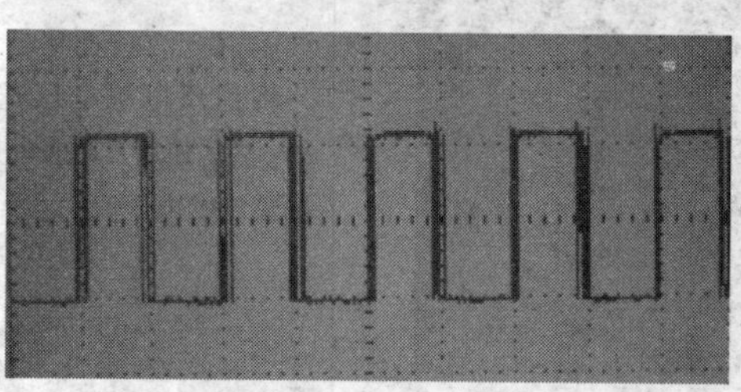	三极管集电极测得的波形。由此可见，三极管工作在开关状态
6	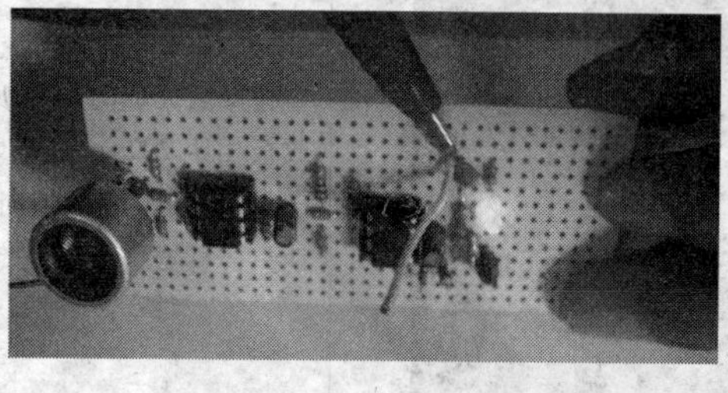	此时可以看到发光二极管已经在发光了。 　拉开发射板与接收板的距离，如果距离稍远灯就熄灭，可以重新调整发射板的电阻 R_1 的阻值，同时注意观察发射信号的频率。如果信号频率为 39kHz ~ 50kHz，遥控距离至少大于 1m 以上。 　至此，本电路调试完毕

知识链接　声敏传感器的结构与原理

从物理现象而言,在空气中振动的物体,其波动将带动空气同步激荡,从而形成空气质点向外传播,其实质是使空气产生稠密层与稀疏层。也就是空气的分子被交替地压紧与放松,空气密度高时,气压高于稳态的大气压力;疏松时,气压小于稳态的大气压力,这就是压力波动而形成的声波运动。形成声波的振动源称为声源,能够传递声波的弹性物质称为媒质,气体、液体或固体都可以是传播声音的媒质。

物体振动空气所产生的疏密波,进入人耳的外耳道,到达人耳的耳膜,振动耳膜所引起的听觉神经系统感觉称为"声音"。因此,可以说人耳就是人体上的声敏传感器。

1. 声波的基本特性

声波必须在介质中才能实现传播。其传播的情况类似石子掉入水池中所造成的向四周扩散的水波,由石子的落入点开始,形成由小到大、一环套一环的同心涟波,向四面扩散。离开介质的声音是无法传播的,换句话说,在真空状态下声波就不能传播。

声波的传播速度、波长和频率分别用 v、λ 和 f 来表示。在空气中,三者之间的关系为

$$v = \lambda \times f$$

声音的音调有高有低,这是由于声波振动的频率不同所致,频率高的声波音调高,频率低的声波音调低。

人耳可以听到的频率范围为 20Hz ~ 20kHz(波长 17m ~ 34mm)。其可听的最高频部分,会因人而异,并会随着年纪增高而递减。年纪越高,听到的高频就会越少。

当声波的频率高于 20kHz 时,人耳是听不到的,把高于 20kHz 的声波称为超声波,当声波频率低于 20Hz 时,人耳也不能听到,因此,把低于 20Hz 的声波称为次声波。

根据关系式可以得出:声音在空气中的传播速度是 340m/s。声波在其他介质中的传播速度与该介质的特性有关,而与声波的频率无关。

经过测试,声波在空气中的传播速度为 340m/s,在液体中为 1500m/s,在固体中为 5000m/s,人类软组织与在液体中相似,平均约为 1540m/s,人类骨组织约为 3380m/s。声波的传播速度都随介质温度的上升而加快,气温增高 1℃,声速增加 0.6m/s。

超声波是一种振动频率高于声波的机械波,它具有机械振动频率高、波长短、绕射能力较差、方向性好的特点。超声波对液体、固体的穿透本领很大,尤其是在阳光不透明的固体中,它可穿透几十米的深度。超声波碰到杂质或分界面会产生显著反射,形成反射回波。

2. 声波传感器

常见的声波传感器就是平时使用的话筒,也称为拾音器、传声器,在这里也可以称为换能器。话筒的功能是将声音(声波)转换成相应的电信号。换句话说,传声器把声能转换为电能。

常用的话筒有动圈式、电容式和驻极体话筒。

(1) 动圈式话筒

动圈式话筒也是最常见的话筒之一,家庭使用的卡拉 OK 音响均采用动圈式。图 4-7 为有线话筒的实物图,图 4-8 为动圈话筒的内部结构图,其工作原理是:当有声音传来时,将引起膜片作相应的运动,由图可见,膜片上连接有漆包线制成的线圈,因此,膜片的振动将会引起线圈切割线圈中的磁力线,使线圈中产生感生电动势。该电势能的大小与方向与声音起伏和相位同步变化。

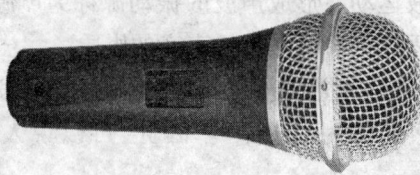

图 4-7 有线话筒

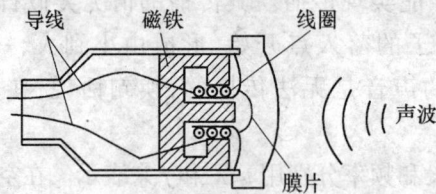

图 4-8 动圈式话筒头的结构

(2) 电容式话筒

电容式话筒的结构与工作原理示意图如图 4-9 所示。两个彼此绝缘的金属片构成平行板电容器,其中一个很薄的金属膜片为振动膜,当声波使金属膜振动时这两个电极间的距离发生了变化,电路中的电容也就发生了变化,引起电路电压、电流的相应变化,于是产生了音频电信号。

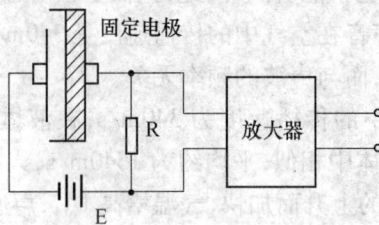

图 4-9 电容式话筒

(3) 驻极体话筒

严格来说,驻极体话筒也是电容式话筒的一种,是由驻极体和场效应管组成的一种具有自偏压的电声换能器,它具有频带宽、音质好、噪声低、耗电少、灵敏度等特点,而且体积小、重量轻、价格低廉,现在盒式录音机的录音用内接、外接话筒几乎都采用驻极体话筒。驻极体话筒的工作原理示意图如图 4-10 所示,由两个驻极体材料构成的极板组成了一个电容器,一个极板的作用是承受声压信号,作为振膜。当振膜振动时,两极板间因距离变化而使电容量发生变化,即产生出与声信号对应的交变信号。

66

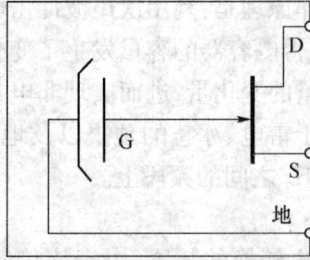

图 4 – 10　驻极体话筒

图 4 – 11 为驻极体话筒的内部结构图,基本结构由一片单面涂有金属的驻极体薄膜与一个上面有若干小孔的金属电极(称为背电极)构成。驻极体面与背电极相对,中间有一个极小的空气隙,形成一个以空气隙和驻极体作绝缘介质,以背电极和驻极体上的金属层作为两个电极构成一个平板电容器。电容的两极之间有输出电极。由于驻极体薄膜上分布有自由电荷。当声波引起驻极体薄膜振动而产生位移时,改变了电容两极板之间的距离,从而引起电容的容量发生变化,由于驻极体上的电荷数始终保持恒定,得出公式:$Q = CU$。因此,当 C 变化时必然引起电容器两端电压 U 的变化,从而输出电信号,实现声—电的变换。驻极体话筒的电信号引出线有两种:两个引出脚和三个引出脚,具体如图 4 – 12 所示。驻极体话筒输出的电信号强度较普通电容式话筒大。

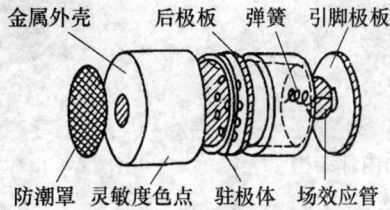

图 4 – 11　驻极体话筒的内部结构图

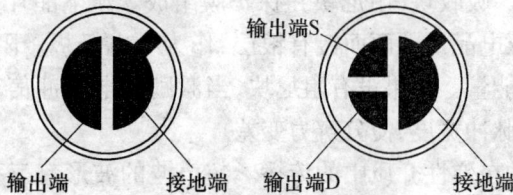

图 4 – 12　驻极体话筒引脚图

3. 次声波传感器

次声波传感器,又叫次声传感器,是能够接收到次声波的传声器。通常有多种换能类型的传感器可用作次声波传感器,只要敏感部件有足够低的下限频率响应。

常见的次声波传感器有电容式、波纹管膜盒型、光纤型等。其中由于电容式的体积小,灵敏度高,频率响应好,可以直接与记录器或信号实时模/数转换器连接,得到广泛使用。

67

电容式次声波传感器的工作原理是:利用次声波冲击电容器的极板,使电容器两极板的相对距离发生了改变,从而使得电容器的容量发生了变化。换句话说,将空气中的被测次声频率波动量转化成为电容量的变化量,进而实现非电量到电量的转化。

次声波传感器常常被应用于雷电、冰雹的预报以及地震前的次声检测领域。次声波监测仪常常工作在 $0.01Hz \sim 10Hz$ 之间的频段上。

4. 超声波传感器

超声波传感器也是实现声电转换的装置,由于该传感器只对 20kHz 以上的某一个频率区域敏感,因此称为超声波传感器。目前市面上常见到的超声波探头的工作频率为 45kHz 左右,使用时应注意产品技术说明,否则,声、电转换效率将大大降低。图 4-13 为超声波探头的内部结构图,由压电陶瓷片、共振子以及基座和引脚线组成。实物图如图 4-14 所示。当引脚上出现电压交变的超声波信号时,压电陶瓷片将把超声波电信号转换为相应频率的机械振动,并扰动空气产生超声波信号。一般来讲,一个超声波探头既可以发射超声波信号,也可以接收超声波信号。但有时考虑接收与发射的特殊性,在结构上也就略有不同,主要是指效率和干扰问题,如此便出现了超声波接收和发射探头。

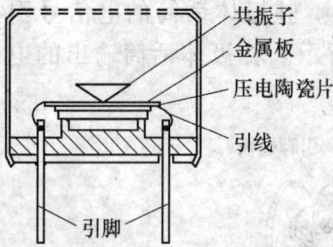

图 4-13　超声波探头的内部结构　　　　图 4-14　超声波探头的实物图

超声波探头按其结构可分为直探头、斜探头、双探头和液浸探头。超声波探头按其工作原理又可分为压电式、磁致伸缩式、电磁式等。实际使用中压电式探头最为常见。压电式探头主要由压电晶片、吸收块(阻尼块)、保护膜组成。压电晶片多为圆板形,其厚度与超声波频率成反比。压电晶片的两面镀有银层,作为导电极板。阻尼块的作用是降低晶片的机械品质,吸收声能量。如果没有阻尼块,当激励的电脉冲信号停止后,晶片将会继续振动,加长超声波的脉冲宽度,使分辨力变差。

超声波是机械振动在弹性介质中的传播。超声波的波形有三种形式,质点振动方向与传播方向一致的波为纵波,它能在固体、液体或气体中传播;质点振动方向垂直于传播方向的波称为横波,它只能在固体中传播;质点振动介于纵波和横波之间,只能沿着固体表面传播,工业应用中主要采用纵波。超声波的传播速度与介质的密度和弹性特性有关。超声波在两种介质中传播时,在它们的界面上:一部分能量反射回原介质,称为反射波;另一部分能量透射界面,以一定的角度进入另一个介质内继续传播,称为折射波。超声波在一种介质中传播时,随着传播距离的增加,由于介质吸收能量而使声压和声强按指数规律衰减。

目前,超声波传感器已经被广泛应用于工业生产、医疗、通信等行业中。在化工、石油

68

和水电等部门,超声波被广泛用于油位、水位等的液位测量。利用超声波直线传播的特性,人们还可以制成超声波测距传感器。图4-15所示是一台便携式超声波测距仪及使用情况。

图4-15 超声波测距仪

超声波测距原理是:首先是超声波发射器向某一方向发射超声波(图4-16),在发射时刻的同时开始计时,超声波在空气中传播,途中碰到障碍物就立即返回来,超声波接收器收到反射波就立即停止计时。超声波在空气中的传播速度为340m/s,根据计时器记录的时间 t,就可以计算出超声波发出和返回路程的长短。距障碍物的距离为 $s = 340 \times t$。单程的距离则为 $s = 340 \times t / 2$。

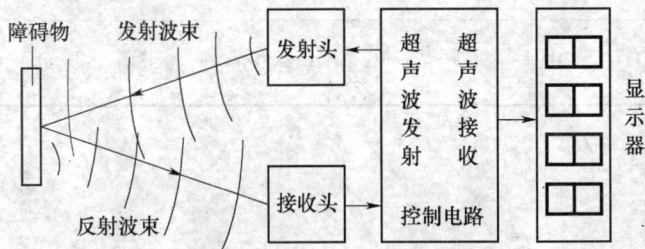

图4-16 超声波测距原理

项目学习评价小结

1. 学生自我评价

(1) 填空题

① 声波在空气中的传播速度是( )。

② 超声波的工作频率应在( )以上。

③ 人耳能听到的振动频率是( )至( )。

(2) 问答题

① 简述超声波的基本特性。

② 简述超声波测距的工作原理。

③ 简述驻极体话筒的构成。

2. 项目评价报告表

项目名称：			组别：		学生姓名：	
项目实施于： 年 月 日 至 年 月 日						
项目过程评价		评分依据			得分	
小组评价	学习态度 20分	按时参加,且无迟到早退现象(迟到一次扣1分)		得5分		
		积极参与项目制作与讨论		得5分		
		认真完成实验记录和作业者(未完成者,一次扣2分)		得10分		
	团队精神 40分	相互尊重,关心他人		得15分		
		能协助他人理解者		得15分		
		能提出整改意见(未被采纳者只得1分)		得10分		
	成绩与收获 20分	能说出项目的基本功能		得2分		
		理解项目工作原理		得5分		
		具备独立完成调试能力		得13分		
	安全意识 20分	按照操作规程进行实验者 (无论大小事故,均不得分)		得20分	总得分：	
教师评语						
专家评语：				综合得分：		

70

项目五　恒温控制器的制作

项目情景展示

炎炎夏日,骄阳似火,白天让人无心工作,心烦气躁;夜晚让人无法入眠,辗转反侧。空调给我们带来了消暑解困的方便。你可曾思考过:要是夜晚让空调器不停歇地工作,在人沉睡抵抗力下降的时候,身体是否受得了?——是空调器里的恒温控制器,帮我们解除了后顾之忧。

塑料机械将粒状或粉状的塑料原料融化、挤出,通过模具做成各种我们所需要的异型材产品,你可会担心温度过高使塑料原料老化变质?——是塑料机械的恒温控制器,帮我们解除了后顾之忧。

养鸡场的鸡舍孵鸡,大约一个月就出来一群活泼可爱的小鸡。你会不会担心:鸡蛋变熟了?——是鸡舍的恒温控制器,帮我们解除了后顾之忧。

恒温控制器在日常生活、医学、工农业生产及科研等各个领域有着广泛的应用。恒温控制器离不开温度传感器。现在就让我们分析一个恒温控制器的典型电路,下一步,就制作一个恒温控制器。

项目学习目标

	学习目标	教学方式	学时
技能目标	1. 学会安装简单的恒温控制器。 2. 学会检测调试恒温控制器电路	讲授、学生实作	5
知识目标	1. 了解温度传感器。 2. 熟悉几种温度传感器的基本特性	讲授	3

任务一　恒温控制器的电路分析

图 5-1 是一个恒温控制器的典型电路原理图。电路组成包括温度传感器电路、温度检测电路、基准电压源、基准温度调节电路、电压比较器电路、继电器驱动电路、模拟加热器电路、工作状态显示电路、电源接口电路等部分。

温度传感器电路由集成温度传感器 LM35 组成。LM35 外形与常用的 9013 三极管一样,采用 TO-92 封装。其①脚为电源供电端,②脚为温度信号电压输出端,③脚接地。

LM35 是美国 NSC 公司生产的线性温度传感器,测温范围为 $0 \sim +100℃$,输出电压

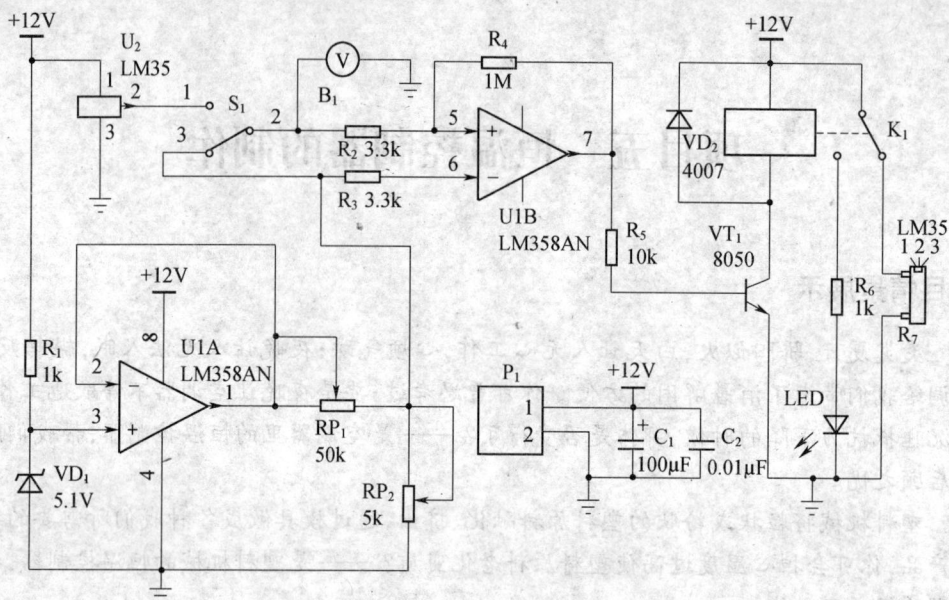

图 5-1 恒温控制器的典型电路原理图

与温度的关系为

$$U_o = 10(\mathrm{mV/℃})t \qquad (t\ 为测量温度值)$$

因此,测温范围对应输出电压范围为 0～1000mV,即 0～1V。这样,用数字电压表检测 LM35 ②脚输出电压,就可以读出 LM35 检测到的温度值。例如,检测电压值为 0.600V,换算为 600mV,对应温度值就是 60℃。

温度检测电路由电路原理图中的仪表 B_1 和转换开关 S_1 组成。B_1 可以用专门的 LED 数字电压表,也可以用数字万用表中的数字电压挡代替。转换开关 S_1 用于对温度传感器的检测与对基准温度调节电路的检测转换。

基准电压源由电阻 R_1、稳压管 VD_1 和双运放 LM358 中的一个运放 U1A 组成。其中稳压管 VD_1 为 5.1V 稳压管,R_1 为 VD_1 的限流降压电阻。R_1、VD_1 构成 5.1V 基准电压,LM358 运放接成电压跟随器,它们共同构成性能稳定的基准电压源。

基准温度调节电路由电位器 RP_1、RP_2 组成的串联分压电路构成。其中 RP_1 阻值较大,构成电压粗调电路;RP_2 阻值较小,构成电压细调电路。由于基准温度调节电路需要精确设置,RP_1、RP_2 需要选用精密多圈电位器。

电压比较器电路由电阻 R_2、R_3、R_4 和双运放 LM358 中的另一个运放 U1B 组成。这里请读者注意:电阻 R_4 跨接在运放 U1B 的输出端和同向输入端之间,因此,运放 U1B 不是工作在放大状态,而是起到电压比较器的作用。电阻 R_4 使运放 U1B 更加可靠地为电压比较器工作。

继电器驱动电路由电阻 R_5、三极管 V_1、二极管 VD_2 和继电器 J_1 构成。R_5 是三极管 V_1 的基极限流电阻,二极管 VD_2 是继电器 K_1 的续流电阻,防止继电器断电时自感产生高压击穿三极管。

模拟加热器电路由珐琅电阻 R_7 构成,温度传感器 LM35 用耐热胶封装在珐琅电阻 R_7 瓷管内部,模拟被检测点环境。珐琅电阻接在继电器常闭触点和接地点两端,受继电器控制。

工作状态显示电路由发光二极管 LED 和电阻 R_6 组成。R_6 是 LED 的限流电阻,R_6 和 LED 串联,跨接在继电器 K_1 常开触点和接地点两端,受继电器控制,起到显示继电器工作状态的作用。

电源接口电路由电容 C_1、C_2 和电源接口 P_1 构成。电容 C_1、C_2 滤除外接电源的杂波,P_1 处可以焊装插针构成活动接口,也可以将外接电源输出端直接焊接在这两个焊点上。

恒温控制器整机工作过程分析如下:

开关 S_1 打到 1 端时,温度显示仪表直接显示温度传感器输出电压值,对应温度传感器的检测温度值;开关 S_1 打到 3 端时,温度显示仪表显示的是设定电压值,对应设定控制温度值。

温度传感器 LM35 检测到的温度信号,送到电压比较器的同向输入端⑤脚;基准电压源输出的 5.1V 电压,由基准温度调节电路分压,作为设定电压,送到电压比较器的反向输入端⑥脚。这两个电压值进行比较:若检测温度值低于设定温度值时,电压比较器⑦脚输出低电平,三极管 VT_1 截止,继电器不工作,珐琅电阻(模拟加热器)通过继电器常闭触点接通电源发热,温度升高。

当检测温度超过设定温度值时,电压比较器⑦脚输出高电平,三极管 VT_1 导通,继电器得电,常闭触点断开,加热器停止加热,同时常开触点闭合,发光二极管发光,指示加热器停止加热(检测点温度达到设定温度)。

加热器停止加热后,珐琅电阻内部由于前一段时间的加热会继续升温一段时间,再缓慢下降。当温度下降到低于一定温度值,电压比较器翻转输出低电平,三极管截止,继电器断电,加热器又开始加热。如此周而复始,使检测点温度保持动态平衡。

任务二 恒温控制器的电路制作与调试

1. 恒温电路控制器的制作

恒温控制器印制板电路图如图 5-2 所示,供读者设计制作时参考。

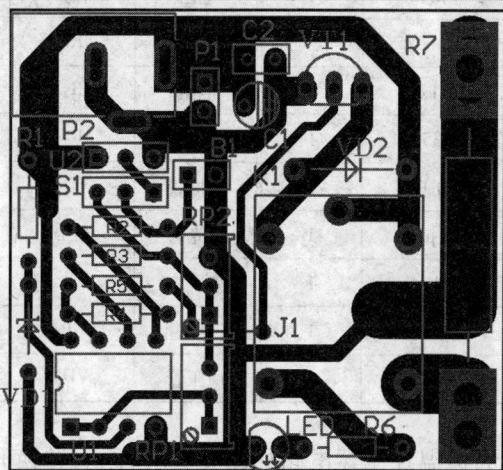

图 5-2 恒温控制器印制板电路图

印制板电路图中除设计了外接电源接口 P_1 位置外,还安排了 $\phi2.5mm$ 外接电源插座 P_2,与外接电源接口 P_1 并联,供读者制作时选用。

温度传感器用引线焊装到印制板的 U_2 处,也可以在 U_2 处先焊装 3 芯插座,再通过插头与温度传感器相连。

开关 S_1 处可以焊装拨动开关,也可以焊装 3 芯插针,然后通过短路子转换连接方向。插针与短路子外形如图 5-3 所示。

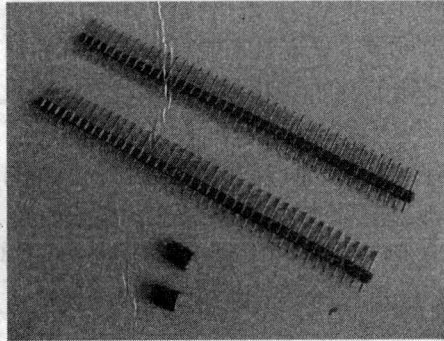

图 5-3 插针与短路子

值得注意的是,在设计该电路印制板图时,为降低成本,采用单面板设计,控制继电器通断的三极管基极走线无法绕过地线,故在两个电位器之间用一根跳线 J_1 将控制信号引过来。印板图中的 J_1 是跳线的标号,而 K_1 是继电器的标号。请读者不要混淆,焊装时也不要漏焊。

恒温电路控制器的元件清单见表 5-1。

表 5-1 恒温电路控制器的元件清单

名称	序号	规格	数量	名称	序号	规格	数量
电压表	B_1	数字表	1	电阻	R_1、R_6	1k	2
电源	P_1	2 针接口	1	电阻	R_2、R_3	3.3k	2
电源	P_2	$\phi2.5mm$ 座		电阻	R_5	10k	1
开关	S_1	HDR1x3	1	电阻	R_4	1M	1
传感器	U_2	LM35	1	珐琅电阻	R_7	$20\Omega/10W$	1
电容	C_1	$100\mu F$	1	二极管	VD_2	1N4007	1
电容	C_2	$0.01\mu F$	1	发光管	LED	LED1	1
电位器	RP_1	50k	1	集成块	U_1	LM358AN	1
电位器	RP_2	5k	1	三极管	VT_1	8050	1
继电器	J_1	RELAY12V	1	稳压管	VD_1	5.1V	1

笔者用万用板自制的恒温控制器电路如图 5-4 所示。转换开关 S_1 采用三芯插针,用短路子改变仪表监测部位。

(a)　　　　　　　　　　　　(b)

图5-4　恒温控制器电路实物图

（a）恒温控制器实物元件面；（b）恒温控制器实物印板面。

2. 恒温电路控制器的调试

在本电路中,供电电路采用外接实验电源供电。供电电压为12V,保证继电器能够正常工作,供电还要求能够输出1A的电流,以便给模拟发热器珐琅电阻供电。因此,电源需要提供足够的功率。

图5-5是恒温控制器调试位置的示意图。

12V电压输入引线

短路子,接左端时仪表显示设定温度;接右端显示传感器温度

稳压管

LM358①②③脚

LM35传感器引线

温度显示仪表连线

温度设定电位器

整定温度检测范围电位器

图5-5　恒温控制器调试位置示意图

电路调试过程见表5-2。

表5-2　电路调试步骤与方法

步骤	操作方法	图片示意
1	接入12V直流稳压电源,继电器得电闭合,指示灯亮。此时,暂不插入短路子	

（续）

步骤	操 作 方 法	图 片 示 意
2	检测稳压管两端电压,正常值约为5.1V。检测集成块 U_1(LM358AN)①②③脚电位(①②③脚与稳压管正极之间的电压),正常值应都等于稳压管电压	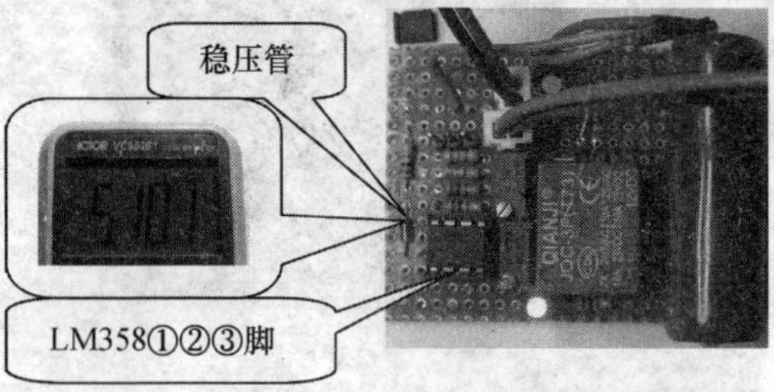 稳压管 LM358①②③脚
3	将短路子接入,短路三芯插针左端两针,相当于开关拨到左端	 短路子,接左端时仪表显示设定温度
4	整定温度调试范围。具体操作方法是:因 LM35 检测温度范围为 0～100℃,将温度设定电位器 RP_2 阻值调到最大值,监测温度设定电位器 RP_2 两端电压(即温度显示仪表电压值),整定温度检测范围电位器 RP_1,使电压显示值为1.0000V。对应温度设定值为100℃	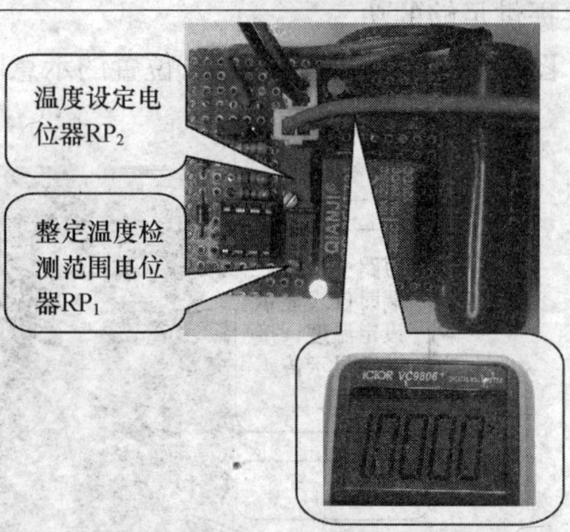 温度设定电位器RP_2 整定温度检测范围电位器RP_1
5	调温度设定电位器 RP_2,设定恒温控制器需要控制的温度值。例如,要将温度控制器控制温度设定为60℃,监测温度显示仪表,调 RP_2,使仪表显示电压值为0.6000V	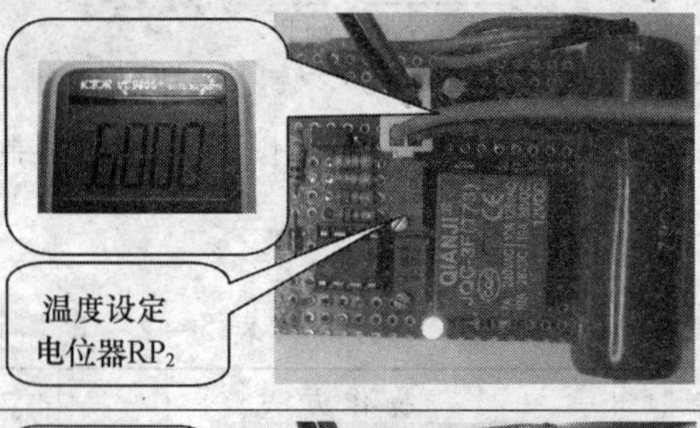 温度设定电位器RP_2
6	将短路子拔出接三芯插针右端,指示灯灭,电路就开始工作	 短路子,接右端显示传感器温度

76

（续）

步骤	操 作 方 法	图 片 示 意
7	改变短路子插接位置后,还需校正设定温度值。方法是用数字万用表监测三芯插针最左端的一针对地电压,并调整温度设定电位器 RP_2,使电压值为 0.6000V。至此,调试结束	 温度设定电位器RP_2

在实验过程中我们会感受到,模拟加热器珐琅电阻温度不断升高。(注意:小心烫伤身体部位!)同时观察到,当温度升高到一定值时,电压比较器输出高电平,继电器起控,断开加热器,发光管显示温度达到设定值。而温度降低到一定值时,电压比较器翻转输出低电平,继电器断电,加热器重新工作,发光管熄灭。如此不断循环,检测点温度在设定值上下波动,形成动态平衡。

理论上分析,恒温控制器工作,温度显示仪表应在稍超过 0.6000V 时,继电器得电,加热器停止加热,温度下降到低于 0.6000V 时继电器断开,加热器加热。实际工作是否会如此呢?现在进行实验数据测试。表 5－3 记录了笔者监测的一些实验数据,供读者制作调试时参考。

表 5－3　恒温控制器工作参数测试数据记录表

设定温度:0.6000V,环境温度:5℃			
实验次数	继电器起控时传感器输出电压值/V	传感器温度上升输出最大电压值/V	继电器失电时,传感器输出电压值/V	传感器输出最低电压值/V
1	0.6005,对应温度 60.05℃(以下类似)	0.6098,对应温度 60.98℃	0.5772,对应温度 57.72℃	0.5716,对应温度 57.16℃
2	0.6007	0.6096	0.5775	0.5693
3	0.6006	0.6119	0.5775	0.5738
4	0.6006	0.6140	0.5777	0.5686
5	0.6005	0.6137	0.5773	0.5665
6	0.6005	0.6138	0.5778	0.5693
7	0.6003	0.6101	0.5772	0.5700
8	0.6005	0.6102	0.5773	0.5707
9	0.6003	0.6119	0.5773	0.5716
10	0.6008	0.6087	0.5777	0.5726
平均值	0.6006	0.6114	0.5775	0.5704
工作过程说明	通电后,加热器工作,传感器所处温度逐渐上升,输出电压升高。当升高到超过 0.6000V 时,继电器起控,指示灯点亮,加热器停止加热	传感器输出电压继续上升到大约 0.6114V,开始下降	传感器输出电压继续下降到大约 0.5775V,继电器失电,加热器重新开始加热	传感器输出电压继续下降到 0.5704V,再开始上升,重复通电时的过程

从以上数据可以看出，设定温度值为 60℃，温度控制器工作稳定后温度在 57℃ ~ 61℃之间波动，基本保持稳定。电路设计制作是成功的。

知识链接一　温敏器件的种类及基本特性

温度是一个基本的物理量，自然界中的一切过程无不与温度密切相关。温度传感器是最早开发，应用最广的一类传感器。其种类繁多，传统方式测温的传感器有双金属片温度传感器、金属丝热电阻传感器、磁性控温传感器、电节点水银温度传感器、热电偶传感器等；电子元器件类传感器有热敏电阻类传感器、PN 结温度传感器、硅温度传感器、铂电阻及集成温度传感器等。新型的 A/D 传感器集成器件，与单片机结合应用，可使控制电路更简洁，可靠性更高。

温度传感器也称热—电传感器。这类传感器在工农业生产、汽车工业、食品储存、医药卫生等各个领域的应用极为广泛，用于各种需要对温度进行控制、测量、监视及补偿等场合。它们中有的可以直接转变为电信号，有的则需要采用间接变换以后才可以转换为与温度成比例的电信号。工业上常用的温度传感器有四类：热电偶、热电阻、热敏电阻及集成电路温度传感器。每一类温度传感器有自己独特的温度测量范围，有自己适用的温度环境，没有一种温度传感器可以通用于所有的用途：热电偶的可测温度范围最宽，而热电阻的测量线性度最优，热敏电阻的测量精度最高。表 5 - 4 列出了常用温度传感器的特性对比，供读者参考。

表 5 - 4　常用的温度传感器的特性对比

传感器种类	测温范围/℃	重复性/℃	精度/℃	线性	特　点
热电阻	-200 ~ +50	0.1 ~ 0.5	0.1 ~ 1.0	一般	价高，精度高，性能稳定，重复性好
热电偶	-200 ~ +600	0.3 ~ 1.0	0.5 ~3.0	差	价廉，重复性好，测温范围宽，灵敏度低
热敏电阻	-5 ~ +300	0.2 ~ 2.0	0.1 ~2.0	差	价廉，体积小，稳定性较好，精度不高
半导体 PN 结	-40 ~ +150	0.2 ~ 1.0	1.0	良好	价廉，体积小，灵敏度较高
IC 传感器	-55 ~ +150	0.3	0.5	优良	体积小，精度高，使用简便

知识点 1　热敏电阻传感器

1. 认识热敏电阻

热敏电阻是一种对温度反应比较敏感、阻值会随温度的变化而改变的非线性电阻式传感器。它可以直接将温度的变化转变为电信号的变化。

常见的热敏电阻外形如图 5 - 6 所示。电路符号如图 5 - 7 所示。

2. 热敏电阻的类型及其特性

热敏电阻根据其制作的材料及形状、灵敏度、受热方式、温度变化特性的不同,而具有多种类型。

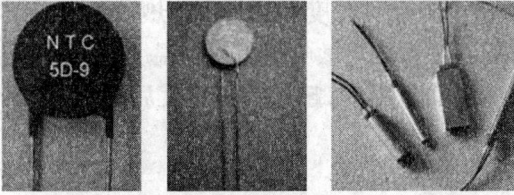

图 5－6　常见的热敏电阻外形图

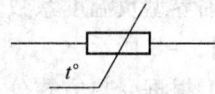

图 5－7　热敏电阻电路符号

（1）根据制作材料分类

热敏电阻可分为陶瓷热敏电阻、玻璃态热敏电阻、塑料热敏电阻、金刚石热敏电阻、半导体单晶热敏电阻等。其中陶瓷热敏电阻产量最低,应用最广。它是用金属氧化物半导体材料在不同条件下烧制而成的。

（2）根据结构及形状分类

热敏电阻可分为圆片状(片状)热敏电阻、圆柱状(柱状)热敏电阻、圆圈形(也称垫圈式)热敏电阻等。

（3）根据温度变化的灵敏度分类

热敏电阻可分为高灵敏度型热敏电阻和低灵敏度型热敏电阻。

高灵敏度型热敏电阻:又称为突变型热敏电阻或开关型热敏电阻。在这种传感器的电阻温度变化关系曲线中,有一个温度值称为居里点。当温度低于居里点时,阻值比较稳定;一旦温度上升到居里点之上,阻值急剧变大,电阻温度系数可高达 10%～60%,如图 5-8 所示。

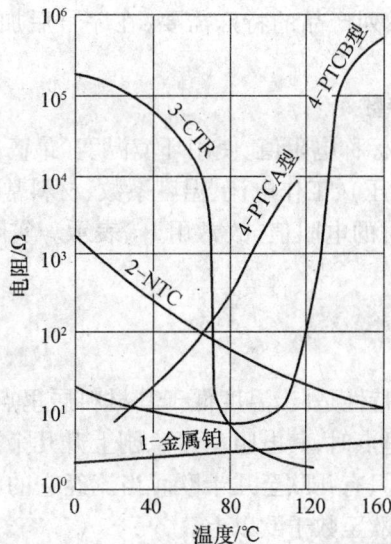

图 5－8　热敏电阻的阻值与温度特性曲线

1 - 金属铂——铂丝温度阻值特性;2 - NTC——负温度系数普通型;3 - CTR——负温度系数突变型;

4 - PTCA 型——正温度系数缓变型;4 - PTCB 型——正温度显示开关型(突变型)。

低灵敏度型热敏电阻：又称为缓变型热敏电阻，其温度系数在 0.5% ~ 8% 之间变化。

（4）根据温度变化特性分类

热敏电阻可分为正温度系数（PTC）热敏电阻和负温度系数（NTC）热敏电阻。正温度系数热敏电阻阻值随温度的升高而增大；负温度系数热敏电阻阻值随温度的升高而减小。有一种临界型负温度系数热敏电阻，它有一个临界温度，超过临界温度后，阻值会很快下降，如图 5 - 8 所示。

（5）根据受热方式分类

热敏电阻可分为直热式热敏电阻和旁热式热敏电阻。直热式热敏电阻利用电阻体本身通过电流时产生热量，从而使电阻值发生变化；旁热式热敏电阻除电阻体外，还有一个金属丝绕制的加热器作为热源电阻，电阻体与金属丝绝缘而又靠近，两者一起密封于高真空的玻璃壳中。

3. 热敏电阻的型号

我国产热敏电阻是按部颁标准 SJ 1155—82 来制定型号，由四部分组成。

第一部分：主称，用字母"M"表示 敏感元件。

第二部分：类别，用字母"Z"表示正温度系数热敏电阻器，或者用字母"F"表示负温度系数热敏电阻器。

第三部分：用途或特征，用一位数字（0 ~ 9）表示。数字 1 表示普通用途，2 表示稳压用途（负温度系数热敏电阻器），3 表示微波测量用途（负温度系数热敏电阻器），4 表示旁热式（负温度系数热敏电阻器），5 表示测温用途，6 表示控温用途，7 表示消磁用途（正温度系数热敏电阻器），8 表示线性型（负温度系数热敏电阻器），9 表示恒温型（正温度系数热敏电阻器），0 表示特殊型（负温度系数热敏电阻器）。

第四部分：序号，也由数字表示，代表规格、性能。

往往厂家出于区别本系列产品的特殊需要，在序号后加派生序号，由字母、数字和"－"号组合而成。

4. 热敏电阻器的主要参数

热敏电阻的主要参数有标称电阻值、使用环境温度（最高工作温度）、测量功率、额定功率、标称电压（最大工作电压）、工作电流、温度系数、材料常数、时间常数等。其中标称电阻值是指在 25℃ 零功率时的电阻值，故常用 R_{25} 表示。实际上总有一定误差，应在 ± 10% 之内。

5. 热敏电阻的应用

（1）PTC 的热敏电阻

PTC 的热敏电阻的主要特性是：当温度低于其材料居里点时，它处于冷阻状态，电阻值很小；而当温度升高到居里点时，其电阻率可急剧上升几个数量级（10^3 ~ 10^5）的倍数。因此，常温下其电阻值较小，只有几欧至几十欧。当流经它的电流超过额定值时，其电阻值在几秒内迅速增大到数百欧至数千欧以上。

PTC 的热敏电阻在恒温自动控制电路中应用比较广泛，如恒温型电热毯、恒温开关等。彩电消磁、电饭煲恒温控制、电冰箱压缩机启动电路、电动机过电流过热保护电路、限流电路、恒温电加热电路都可以应用 PTC 的热敏电阻来控制。

（2）NTC 的热敏电阻

NTC 的热敏电阻的主要特点：①热响应特性好,时间常数小;②抗噪声干扰强,灵敏度、分辨率高,稳定性好;③体积微型化;④生产产业化,阻值精度高。广泛应用于复印机、打印机、空调器、电烤箱等办公用具和家用电器中,起到温度检测、温度控制、温度补偿等作用。空调器中的环境温度检测传感器、管温传感器、排气温度传感器、除霜控制传感器等都采用 NTC 传感器。

知识点 2　PN 结温度传感器

PN 结的特性是对温度变化十分敏感,在一些稳定度要求较高的电路中,需要采用各种方法提高电路的稳定性,在分析 PN 结的电流与端电压的关系时可以发现,端电压与温度呈线性关系,在 ±200℃ 的范围内,其线性度优于 1%。利用这种温度敏感性,可以将 PN 结作为一种很好的温度传感器。

1. PN 结温度传感器的特性

晶体二极管或三极管的 PN 结的结电压是随温度而变化的。例如硅管的 PN 结的结电压在温度每升高 1℃ 时,下降约 2mV,利用这种特性,一般可以直接采用二极管（如玻璃封装的开关二极管 1N4148）或采用硅三极管（可将集电极和基极短接）接成二极管来做 PN 结温度传感器。这种传感器有较好的线性,尺寸小,其热时间常数为 0.2s ~ 2s,灵敏度高。测温范围为 −50℃ ~ +150℃。其不足之处是离散性大,互换性较差。通过 PN 结的电流不能太大,一般为 $100\mu A ~ 300\mu A$（最大值不超过 1mA）,因为电流过大会引起自身温升而影响测量精度。

2. PN 结温度传感器的应用

PN 结温度传感器的应用电路设计可以有以下几种情况。

① PN 结与 3 个电阻构成电桥电路,作为温度测量电路,经由运放电路构成的 5 倍放大器放大,构成数字温度计;温度变化规律为 10mV/℃。

② PN 结与电阻分压,构成运放输入端偏置电阻,经由运放构成的电压比较器比较,驱动后级负载,组成温控器或者温度检测显示电路。

③ PN 接作为三极管基极偏置电阻,控制三极管的工作状态,与后级报警器一起构成温控报警器。

知识点 3　集成温度传感器

集成温度传感器是半导体技术的产物。从 20 世纪 80 年代进入市场后,由于其线性度好,精度适中,灵敏度高,得到广泛应用。

1. 认识集成温度传感器

常见的集成温度传感器外形封装如图 5 −9 所示。

2. 集成温度传感器的特点

集成温度传感器是利用半导体 PN 结的稳定特性制成的。它是在一块极小的硅片上集成了 PN 结温敏元件、信号放大、线性补偿、调零消振等单元电路。与热敏电阻、热电偶等温度传感器相比,集成温度传感器具有灵敏度高、线性好、响应速度快、重复性好等特

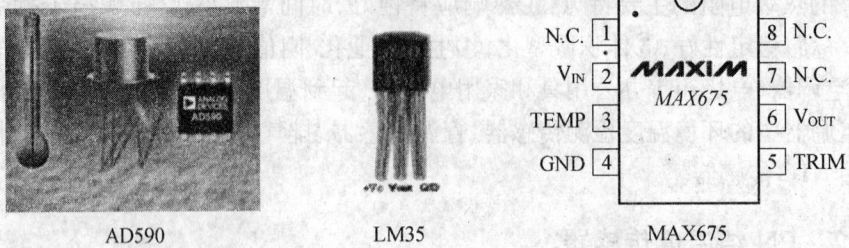

图 5 - 9　常见集成温度传感器封装

点。此外,对于已经将驱动电路、信号处理电路及必要的逻辑电路集成在单片 IC 上制成的这类温度传感器,还具有尺寸小、使用方便等特点。

集成温度传感器的温度检测以 PN 结正向电压和温度的关系为依据。当晶体管的集电极偏置电流 I_c 设置为常数时,其基极与发射极之间的电压 U_{be} 与温度近似为线性关系。采用不同工艺和结构的晶体管具有不同的正向电压 U_{be},而温度系数则相近(约为 2.2mV/℃)。

3. 集成温度传感器的输出形式

集成温度传感器的常见输出形式有模拟输出型、逻辑输出型和数字输出型三种。

(1) 模拟输出型

模拟输出型集成温度传感器的输出电压(或电流)随温度的变化呈线性变化,可以取代低于 700℃ 的热电偶,常用于温度测量、温度补偿等系统。

(2) 逻辑输出型

逻辑输出型集成温度传感器使用简单,应用普遍,成本较低,一般用于温度控制系统。

(3) 数字输出型

数字输出型集成温度传感器一般具有串行接口,可以与微机控制器或其他数字系统直接通信。

4. 常用集成温度传感器特性

集成温度传感器按输出信号的形式可分为固定电压型、固定电流型、可调电流型等三种类型。

(1) 固定电压型

固定电压型集成温度传感器的电阻温度系数为 10mV/℃,在 25℃(298K)时,输出电压值为 2.98V。常见型号有 LM3911、μA616、LM335 等。

(2) 固定电流型

固定电流型集成温度传感器的电阻温度系数为 1μA/℃,在 25℃(298K)时,输出电流值为 2.98μA。常见型号有 AD590 等。

(3) 可调电流型

可调电流型集成温度传感器的温度系数可通过外接电阻的阻值来调节,范围为 1μA/℃ ~ 10mA/℃。常见的型号有 LM134 系列。

常用的集成温度传感器特性见表 5 - 5。

表 5 – 5　常用的集成温度传感器特性

型　号	检测点	输出方式	封装形式	说　　明
AD590	封装温度	电流型	SO – 8	非常稳定
LM35 LM135	封装温度	电压型	TO – 46 TO – 92	LM35 用 25℃ 校准的温度误差为 0.3℃ ~ 1℃ LM135 用 25℃ 校准的温度误差为 0.5℃ ~ 1.5℃
AD22103 LM45 MAX675	封装温度	电压型	SOT – 23 SO – 8	通常结合电压测量
MAX6502 TC602 TM901	封装温度	逻辑电平 输出型	SOT – 23	内置比较器,滞后可调
DS1621 LM78 LT1392	封装温度	数字接口	SO – 8 SOT – 23	适用于数字电路
MAX1617		数字接口	16 – QSOP	监视 CPU 温度

知识点 4　热电阻传感器

1. 认识热电阻

常见的热电阻的外形图如图 5 – 10 所示。

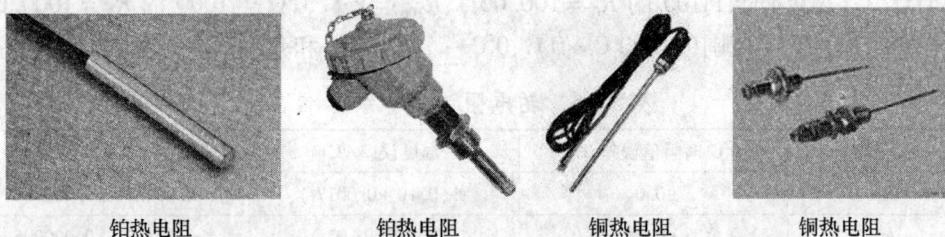

铂热电阻　　　　　铂热电阻　　　　　铜热电阻　　　　　铜热电阻

图 5 – 10　常见的热电阻的外形图

2. 热电阻的种类与特性

电阻型温度传感器(Resistance Temperature Detectors,RTD)包括热电阻、热敏电阻两大类,它们是利用导体的电阻值随温度变化这一特性而制成的。热敏电阻已在前文介绍。热电阻具有测温精度高、测温范围宽、易于远距离测量等优点。热电阻测温范围一般为:
– 200℃ ~ + 500℃,但随着制造技术的发展,也出现了测温 1000℃ 以上的热电阻。最常用的热电阻有以下几种。

① 铜热电阻。适合于 – 50℃ ~ + 200℃ 以内的温度测量,在其测温范围内线性度很好,温度系数比铂高,但电阻率比铂低。

② 镍热电阻。适合于 – 50℃ ~ + 100℃ 以内的温度测量,温度系数和电阻率都比较大,但测温范围较窄,物理化学稳定性较差。

③ 铂热电阻。适合于 – 200℃ ~ + 650℃ 以内的温度测量,测温范围和精度比较高;

温度系数比铜低,但电阻率比铜高。物理化学性能稳定,但价格比较贵。铂热电阻的接线端有2线式、3线式、4线式三种;与放大电路之间距离很近时采用2线式铂热电阻,否则须采用3线式或4线式铂热电阻,此时需要把引线、接线的电阻值计算在内。其结构如图5-11所示。

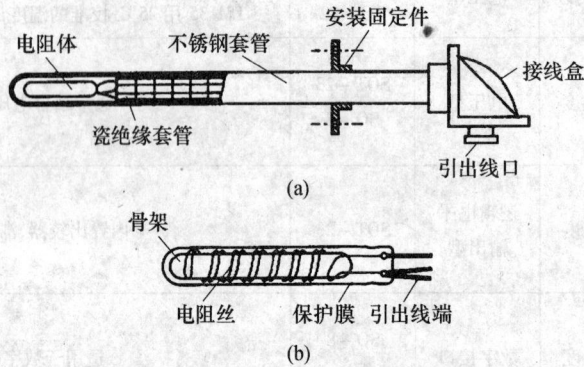

图5-11 铂热电阻结构示意图

铂热电阻(简称"铂电阻",也叫"白金测温热电阻",简写为PRT,)由于具有测温范围宽、测温精度高(例如,欧洲和日本的标准中规定:A级铂热电阻在0℃误差为0.15℃,在600℃时的误差1.35℃)、耐腐蚀、容易加工和极佳的可重复性等优点,而在工业上得到广泛的应用。因此,这里重点介绍铂热电阻。由于铂热电阻的这些优越性,因此,它的测温性能写入了IEC751国际标准里。该标准还规定了铂热电阻的标准阻值:在温度系数为0.3851Ω/℃(A级)时,Pt100 的 $R_0 = 100.00\Omega$、$R_{100} = 138.51\Omega$,Pt1000 的 $R_0 = 1000.0\Omega$、$R_{100} = 1385.1\Omega$;测温范围(-200℃~0℃,0℃~+850℃)和允许误差等参数,见表5-6。

表5-6 铂电阻误差等级标准

误差等级	0℃时阻值误差/%	温度误差/℃	温度系数误差/(Ω/℃)
1/3DIN B	±0.04	$\pm(0.10 + 0.0017t)$	0.003851±0.000004
A	±0.06	$\pm(0.15 + 0.02t)$	0.003851±0.000005
B	±0.12	$\pm(0.30 + 0.005t)$	0.003851±0.000012
注:t 为温度(℃),这里应取其绝对值			

由于-200℃~+850℃范围内,阻值变化的非均匀性(线性变化的非一致性),因此,实际应用中,把-200℃~+850℃温度范围分成-200℃~0℃、0℃~+850℃两大段。

在-200℃~0℃温度范围内,温度与电阻值的关系为

$$R_t = R_0[1 + At + Bt^2 + C(t - 100)t^3]$$

在0℃~+850℃温度范围内,温度与电阻值的关系为

$$R_t = R_0(1 + At + Bt^2)$$

式中:$A = 3.9083 \times 10^{-3}$℃,$B = -5.575 \times 10^{-7}$℃,$C = -4.183 \times 10^{-12}$℃,$R_t$ 为温度 t 时的电阻值,R_0 为0℃时的电阻值;R_0 称为标准电阻,在 IEC751 标准中,$R_0 = 100.00\Omega$(俗称Pt100)。另外,还有 500.00Ω、1000.00Ω 两种标准电阻。

在 0℃ ~ + 100℃ 以内, A、B 级铂热电阻的温度系数分别为 0.3851Ω/℃、0.3916Ω/℃;若 0℃ 时, 电阻值为 100Ω, 温度系数按 0.39 计算,则 100℃ 时,电阻值为 139Ω。

知识点5　热电偶传感器

1. 认识热电偶传感器

常见的热电偶传感器外形如图 5 - 12 所示。

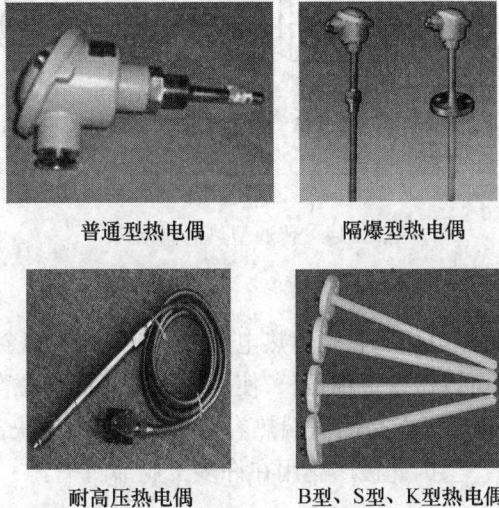

普通型热电偶　　　　隔爆型热电偶

耐高压热电偶　　　B型、S型、K型热电偶

图 5 - 12　常见的热电偶传感器外形图

热电偶是利用塞贝克效应制成的温度传感器。当两种不同的金属(称为热电偶丝或热电极)组成闭合回路时,若两端结点的温度存在差别(T_1、T_2),则回路中就会产生电流,相应地形成热电势。热电偶就是利用这种原理进行温度测量的,其中,直接用作测量介质温度的一端叫做工作端(也称为测量端),另一端叫做冷端(也称为补偿端)。利用这一原理制成的温度传感器称为热电偶。

2. 热电偶的种类

目前工业上常用的有四种标准化热电偶(图 5 - 13):镍铬 - 考铜(E 型)、镍铬 - 镍铝(K 型)、铂铑 30 - 铂铑 6(B 型)和铂铑 10 - 铂(S 型)。

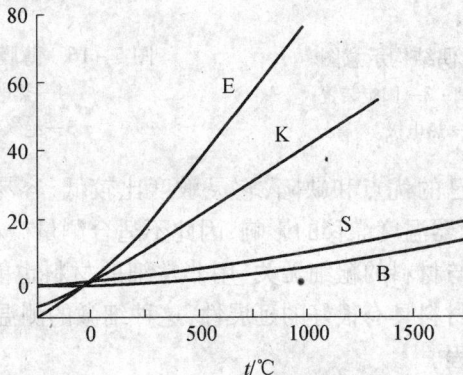

图 5 - 13　四种标准化热电偶

为了适应不同生产对象的测温要求和条件,热电偶的结构形式有普通型热电偶、铠装热电偶和薄膜热电偶等。

（1）普通型热电偶

普通型结构热电偶工业上使用最多,它一般由热电极、绝缘套管、保护管和接线盒组成。其结构如图5-14所示。

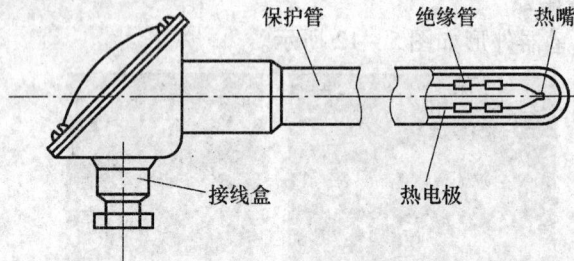

图5-14 普通型热电偶结构

（2）铠装热电偶

铠装热电偶又称套管热电偶。它是由热电偶丝、绝缘材料和金属套管三者经拉伸加工而成的坚实组合体,它可以做得很细很长,使用中随需要能任意弯曲。其结构如图5-15所示。铠装热电偶的主要优点是测温端热容量小,动态响应快,机械强度高,挠性好,可安装在结构复杂的装置上,因此被广泛用在许多工业部门中。

（3）薄膜热电偶

薄膜热电偶是由两种薄膜热电极材料,用真空蒸镀、化学涂层等办法蒸镀到绝缘基板上面制成的一种特殊热电偶,薄膜热电偶的热接点可以做得很小（可薄到$0.01\mu m \sim 0.1\mu m$）,具有热容量小、反应速度快等特点,热相应时间达到微秒级,适用于微小面积上的表面温度以及快速变化的动态温度测量。其结构如图5-16所示。

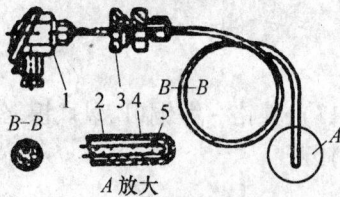

图5-15 铠装热电偶结构示意图
1—接线盒；2—金属套管；3—固定装置；
4—绝缘材料；5—热电极。

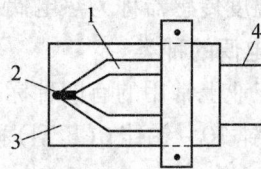

图5-16 薄膜热电偶内部结构示意图
1—热电极；2—热接点；
3—绝缘基板；4—引出线。

热电偶传感器有自己的优点和缺陷,它灵敏度比较低,容易受到环境干扰信号的影响,也容易受到前置放大器温度漂移的影响,因此不适合测量微小的温度变化。由于热电偶温度传感器的灵敏度与材料的粗细无关,用非常细的材料也能够做成温度传感器。也由于制作热电偶的金属材料具有很好的延展性,这种细微的测温元件有极高的响应速度,可以测量快速变化的过程。

知识链接二　温度传感器 LM35 简介

知识点 1　温度传感器 LM35 简介

温度传感器 LM35 是由 National Semiconductor 所生产的温度感测器,其输出电压与摄氏温标呈线性关系,0℃ 时输出为 0V,每升高 1℃,输出电压增加 10mV,转换公式如下:

$$V_{\text{out\_LM35}}(T) = 10(\text{mV/℃}) \times T(\text{℃})$$

LM35 有多种不同封装形式,外观如图 5 - 17 所示。在常温下,LM35 不需要额外的校准处理即可达到 ± 1/4℃ 的准确率。其电源供应模式有单电源与正负双电源两种,其引脚如图 5 - 18 所示,正负双电源的供电模式可提供负温度的量测;两种接法的静态电流—温度关系如图 5 - 19 所示,单电源模式在 25℃ 下静态电流约 50μA,非常省电。

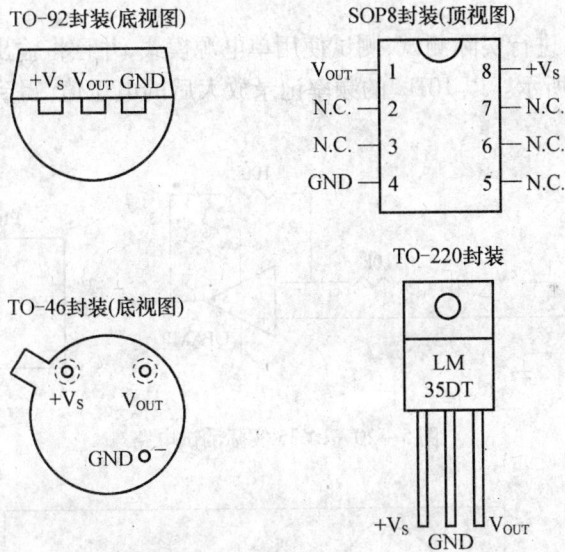

图 5 - 17　LM35 封装及引脚排列

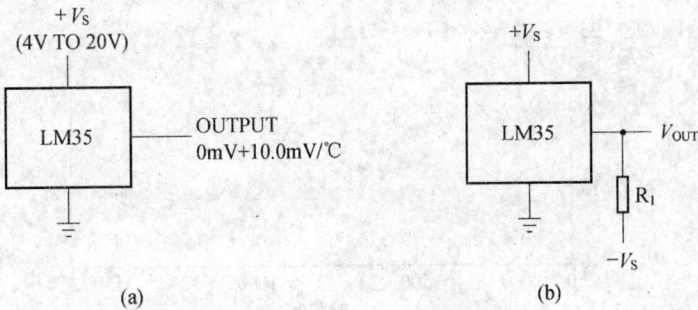

(a)　　　　　　　　　　　　(b)

图 5 - 18　LM35 接线图

(a) 单电源模式;(b) 双电源模式。

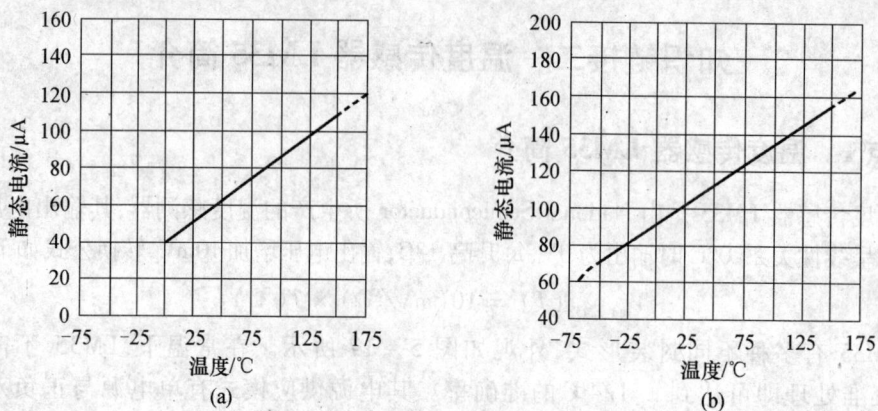

图 5-19　LM35 两种接法静态电流与温度关系图

（a）单电源模式；（b）正负双电源模式。

知识点 2　实际测试

接下来对 LM35 进行实际测试,测试使用单电源模式,并且将输出同相放大器放大十倍,电路如图 5-20 所示。以 10Hz 的频率记录放大后的电压值,得到如图 5-21 所示的时间—温度图。

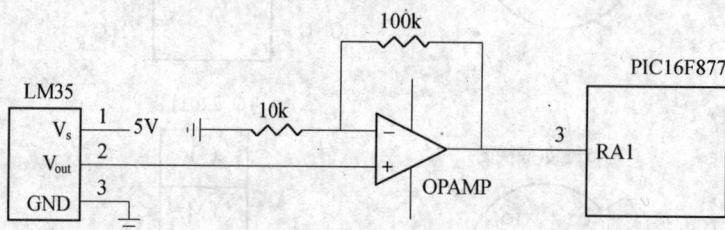

图 5-20　LM35 实际测试电路

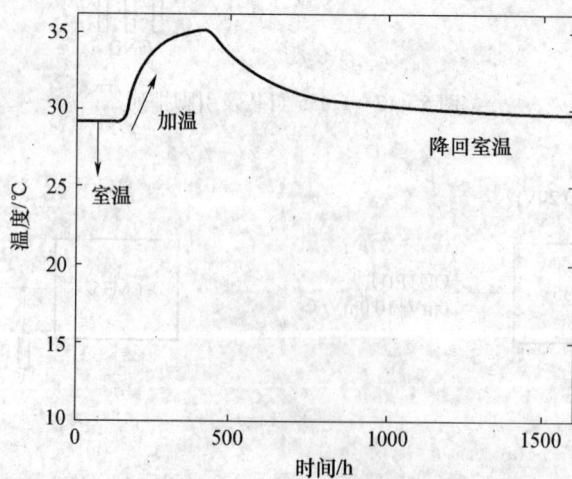

图 5-21　LM35 输出电压实际测试时间–温度图

项目学习评价小结

1. 学生自我评价

(1) 填空题

① 集成温度传感器 LM35 的①脚为( )端,②脚为( )端,③脚为( )端。

② 本项目所制作的恒温控制器,电路组成包括( )、( )、( )、( )、( )、( )、( )、( )、( )等部分。

③ 在本项目所制作的恒温控制器中,LM358 两个运放分别作( )和( )用。

④ 工业上常用的温度传感器有四类:( )、( )、( )及( )。

(2) 分析判断题

① 冬天取暖用的暖手宝,里面有一个正温度系数的热敏电阻。( )

② 集成温度传感器 LM35 和 LM135 可以相互代用。( )

(3) 问答题

① 工业上常用的四种温度传感器,各有何特点?

② 集成温度传感器有哪些类型?

③ 怎样选用温度传感器?

2. 项目评价报告表

项目名称:			组别:	学生姓名:	
项目实施于: 年 月 日 至 年 月 日					
项目过程评价		评分依据			得分
小组评价	学习态度 20分	按时参加,且无迟到早退现象(迟到一次扣1分)		得 5 分	
		积极参与项目制作与讨论		得 5 分	
		认真完成实验记录和作业者(未完成者,一次扣2分)		得 10 分	
	团队精神 40分	相互尊重,关心他人		得 15 分	
		能协助他人理解者		得 15 分	
		能提出整改意见(未被采纳者只得1分)		得 10 分	
	成绩与收获 20分	能说出项目的基本功能		得 2 分	
		理解项目工作原理		得 5 分	
		具备独立完成调试能力		得 13 分	
	安全意识 20分	按照操作规程进行实验者 (无论大小事故,均不得分)		得 20 分	总得分:
教师评语					
专家评语:			综合得分:		

项目六 煤气泄漏报警器的制作

项目情景展示

安全知识宣传片展示了这样一段情景：一家人睡在密闭房间，男士夜半醒来感到不对劲，室内有浓烈煤气味。想开灯查看煤气泄漏之处，开关一按，剧烈爆炸发生了……

煤气属于可燃气体，浓度超过爆炸下限时，遇火种（打火机、电器开关、静电等）就可能发生爆炸，造成伤害。城市煤气中本身含有大量的一氧化碳。一氧化碳为无色无味的剧毒气体，通过呼吸道吸入与人体血红蛋白结合，造成人体缺氧而中毒。因此，煤气泄漏时，既有爆炸的危险，又有一氧化碳中毒的危险。

如果能够有一个检测煤气泄漏的报警装置，这种悲剧就可能避免。现在，就制作一个煤气泄漏报警器。

项目学习目标

	学习目标	教学方式	学时
技能目标	1. 熟练安装和识别气敏传感探头。 2. 学会气敏传感器的检测与调试	讲授、学生实作	5
知识目标	1. 气敏传感器的工作原理。 2. 气敏传感器的种类与基本特性	讲授	3

任务一 煤气泄漏报警器的电路分析

图 6-1 是从某网站邮购回来的一款煤气泄漏报警器。其内部结构如图 6-2 所示。通电实验，该电路声音洪亮，反应灵敏，算得上一款不错的产品。外形也很美观。根据实物绘制出来的电路图如图 6-3 所示。从电路构成元件来看，该电路中采用了两个在市场上不方便购买的元件：一个是电源变压器，次级有 5V 和 10V 两组电压输出，分别作为气敏传感器和其他电路供电电源；另一个是 3 个引脚的电感 L_1。由于元件不方便购买，同时电路也稍显复杂，笔者在此电路基础上进行改进，采用市场上最常用的元件构成电路，便于读者自制实践。下面就改进后的电路进行分析。

1. 煤气泄漏报警器的电路原理分析

改进后的煤气泄漏报警器电路如图 6-4 所示。该电路由电源供电电路、传感器电路、信号控制电路、音频振荡电路、扬声器驱动电路等部分构成。具体单元电路分析见表 6-1。

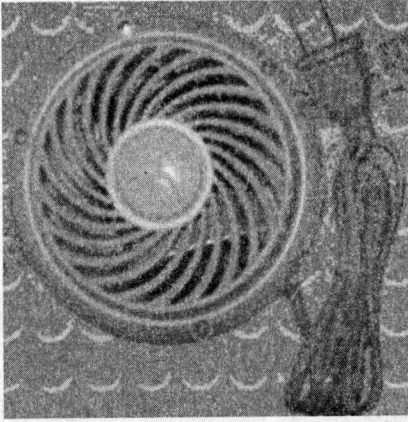

图 6-1 煤气泄漏报警器外观

图 6-2 煤气泄漏报警器内部结构

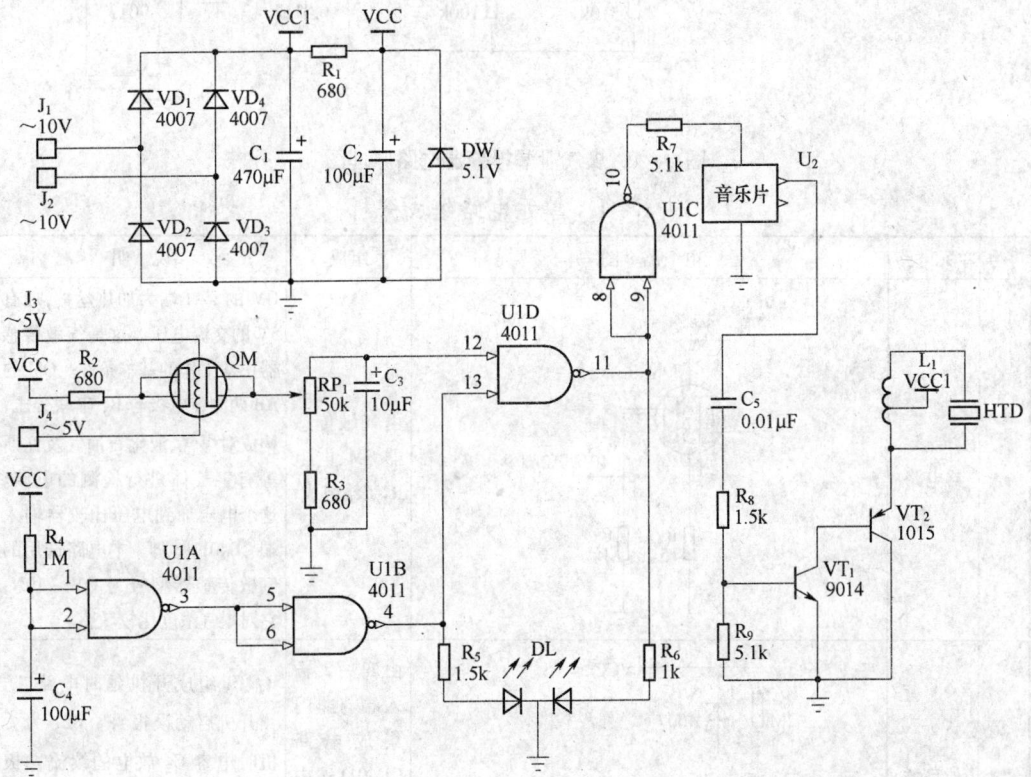

图 6-3 煤气泄漏报警器电路原理图

VCC

VD₁ 4007 VD₄ 4007 R₁ 680 QM R₄ 2M VD₅ 4007

~220V T₁ ~6V

VD₂ 4007 VD₃ 4007 C₁ 470μF C₂ 100μF DW₁ 5.1V A f B

R₂ 15 R₃ 1k C₃ 47μF

SP

1 2 U1A 4011 & 1 3 5 6 U1B 4011 & 2 4 8 9 U1C 4011 & 3 10 12 13 U1D 4011 & 4 11 R₇ 1k VT₂ 9012

R₅ 510k R₆ 100k C₄ 0.01μF VT₁ 9013

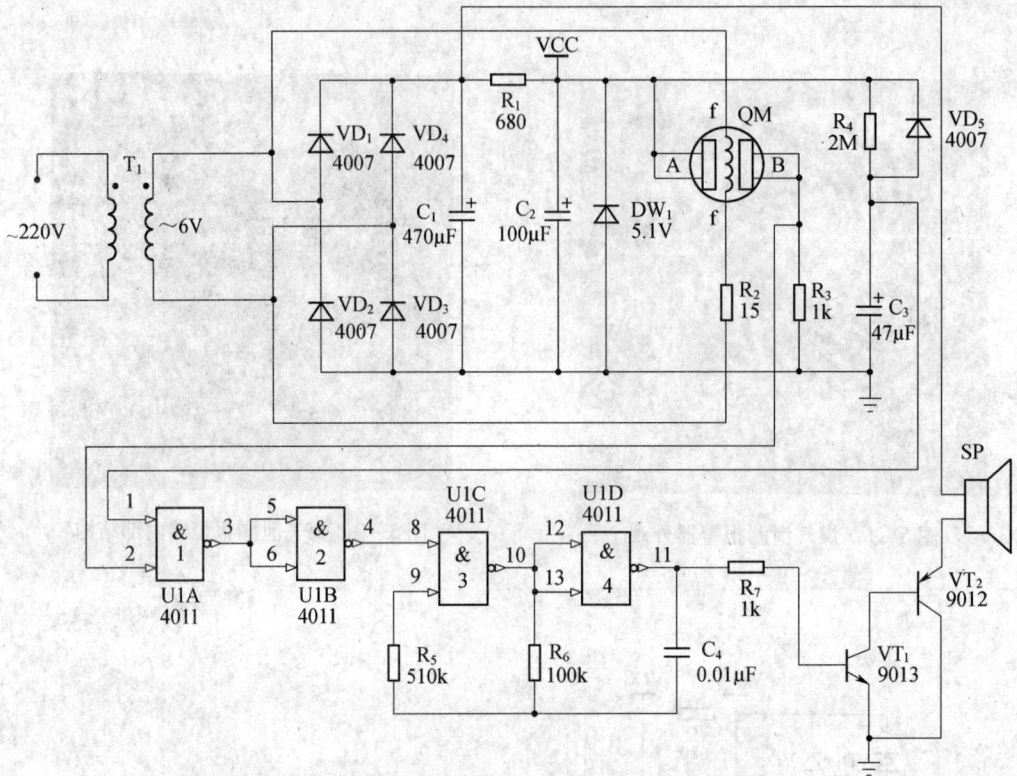

图6-4 煤气泄漏报警器电路原理图

表6-1 单元电路组成分析

序号	单元电路	电 路 图	组成	说 明
1	传感器电路	VCC ~6V f QM A B 4011第2脚 R₂ 15 R₃ 1k ~6V	由气敏传感器QM、电阻R₂、R₃组成	QM的f-f端为加热丝端,加有5V的交流电压。这是气敏传感器正常工作的基本条件。QM的AB两测量电极与R₃串联分压,构成对煤气、液化石油气及瓦斯等有害气体进行检测的电路。这个电压加到电压比较器输入端CD4011②脚。本电路选用的气敏传感器型号为QM-10N,它对煤气浓度比较敏感
2	信号控制电路	VCC R₄ 2M VD₅ 4007 1 2 U1A 4011 & 1 3 5 6 U1B 4011 & 2 4 C₃ 47μF	由四-2输入端与非门集成电路CD4011中的两个与非门1、2和R₄、C₃、D₅组成	R₄、C₃组成开机延时电路,防止开机启动误报警。VD₅为关机时电容C₃放电的续流二极管。信号控制电路主要根据气敏传感器感应有害气体浓度输出的信号,做出反应,控制音频振荡电路的工作状态

序号	单元电路	电 路 图	组成	说 明
3	音频振荡器	U1C 4011　U1D 4011 8 9 & 3　10 12 13 & 4　11 R5 510k　R6 100k　C4 0.01μF	由集成电路CD4011中的两个与非门3、4和外围元件R5、R6、C4组成	振荡频率由R6、C4确定,本电路振荡频率设计在音频范围,使之能经过放大后驱动扬声器发出报警声。工作状态由信号控制电路决定
4	扬声器驱动电路	整流滤波供电　SP R7 1k　VT2 9012　VT1 9013	由R7、VT1、VT2和扬声器SP组成	R7为三极管VT1的基极限流电阻。VT1、VT2组成复合管,提高扬声器输出功率
5	电源供电电路	气敏热丝供电　VCC 扬声器驱动供电　R1 680 VD1 4007　VD4 4007　DW1 5.1V ~220V　T1　~6V　C1 470μF　C2 100μF VD2 4007　VD3 4007	由变压器T1、二极管VD1~VD4、C1、R1、C2、DW1等元件组成	T1降压,VD1~VD4组成桥式整流电路,提高电源利用率,C1、R1、C2组成π形滤波器,滤除交流成分,DW1稳压。气敏传感器的热丝端由降压后的交流电直接供电,检测电极端和集成电路CD4011由电源整流滤波稳压后供电,扬声器驱动电路消耗电流较大,由电源整流C1滤波后直接供电。特别注意,该电路供电,不能由π形滤波器提供。否则会因电流过大,使R1上压降过大,导致其他被供电的电路因电压过低无法正常工作

2. 煤气泄漏报警器整机电路工作原理

通电开机,电源通过R4对C3充电,C3两端电压缓慢上升,在一定时间内处于低电平状态,该电位加到CD4011①脚,根据与非门的逻辑功能,CD4011③、⑤、⑥输出高电平,则④、⑧脚输出低电平,音频振荡器停振。R4、C3起到开机延时报警作用。一段时间以后,C3两端电压进一步升高,同时,气敏传感器热丝端完成预热,电路准备工作完成,进入警备状态。

当无有害气体泄漏时,气敏传感器A、B两电极间呈高阻值,分压电阻R3两端电压低。过该电压加到 CD4011②脚,如上分析,音频振荡器不工作,无信号输出。

当有害气体泄漏达到一定浓度时,气体进入气敏传感器,使气敏传感器 A、B 两电极间的阻值下降,CD4011②脚电位升高,触发与非门翻转,与非门 1 输出低电平,与非门 2 输出高电平。音频振荡器起振,振荡信号经三极管 VT_1、VT_2 放大,驱动扬声器发出报警声。

任务二　煤气泄漏报警器的制作与调试

1. 煤气泄漏报警器的制作

煤气泄漏报警器的元件清单见表 6-2。

表 6-2　煤气泄漏报警器的元件清单

名称	规格	序号	数量	名称	规格	序号	数量
电容	0.01μF	C_4	1	电阻	15Ω/2W	R_2	1
电容	47μF	C_3	1	电阻	680	R_1	1
电容	100μF	C_2	1	电阻	1k	R_3、R_7	2
电容	470μF	C_1	1	电阻	100k	R_6	1
二极管	1N4007	$D_1 \sim D_5$	5	电阻	510k	R_5	1
稳压二极管	5V	DW_1	1	电阻	2M	R_4	1
三极管	9013	Q_1	1	集成块	CD4011	U_1	1
三极管	9012	Q_2	1	集成块座	14P		1
气敏传感器	QM-5N	QM	1	扬声器	0.5W/8Ω	SP	1
传感器插座	5.5 英寸黑白显像管座		1	变压器	220V/6V/3W	T_1	1

煤气泄漏报警器的印制板电路图如图 6-5 所示,供参考。

在印制板电路图中,气敏传感器封装设计为两层焊盘的形式,这是为了适应不同安装方式:有条件的情况下,可以用一个 5.5 英寸黑白电视机的显像管座作为气敏传感器的插座,该插座有 7 个引脚,而气敏传感器只有 6 个引脚,因此中间引脚不用,电路设计中设计为接地。传感器封装的外围 7 个引脚就是焊装插座的。没有条件的学校,可以直接将气敏传感器焊接在内层的 6 个焊盘上。扬声器必须用引线引出,再焊接扬声器的两个引脚,因此印制板电路中为了设计方便,把扬声器两个引脚分开,分别用 SP_1 和 SP_2 表示。J_1、J_2 分别接变压器次级线圈的两个引线。其他元件按印制板电路图的标注焊装。焊装时注意二极管、稳压管、电解电容极性,还要注意集成块的方向。

如果不方便把印制板图设计出来交给制板商批量去做,也可以用万能板搭接电路实物,这样对熟悉电路原理图更有帮助。

先准备好所有元件,包括集成电路的插座和气敏传感器用的插座。开始对元件整体布局。首先安排气敏传感器的位置。因气敏传感器 6 个脚不能直接在万能板上插接,需要额外打孔和扩孔。安排好气敏传感器以后,再横向安排电阻 R_2、4 个整流

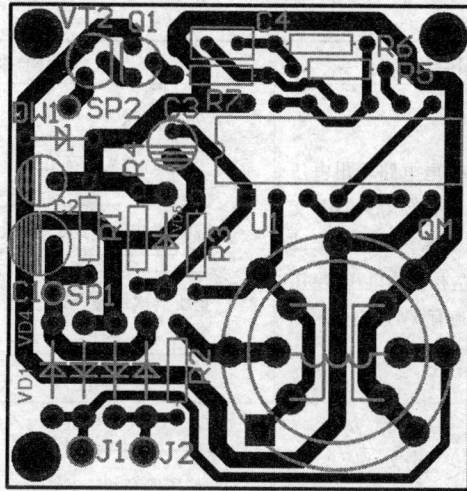

图 6-5　煤气泄漏报警器的印制电路图

二极管的位置,纵向安排集成电路 CD4011 及外围元件的位置。整体上的布局就差不多了。再根据电路原理图和设计的印制板电路图连线。连线完成后的实物如图 6-6所示。

图 6-6　用万能板搭接的电路板实物图

电路板焊装好了,再分别焊装电源变压器、扬声器,就可以通电调试了。

2. 煤气泄漏报警器的调试

焊装完成以后,进入通电调试阶段。电路调试过程见表 6-3。

表 6-3　电路调试步骤与方法

步骤	目的	操 作 方 法	图 片 示 意
1	准备工作	由于气敏传感器是贵重元件,通电前,先将气敏传感器从插座上取下(如果没有插座,则气敏传感器先不焊装),集成块也从 IC 座上卸下来	扬声器引线　取下集成块　电源供电引线　取下气敏传感器

95

步骤	目的	操 作 方 法	图 片 示 意
2	检测电源供电	通电检测电源供电电路输出电压是否正常。变压器降压后的 6V 交流电压经桥式整流、电容 C_1 滤波后应输出 8V 左右直流电压，稳压后稳压管两端应有 5V 左右电压	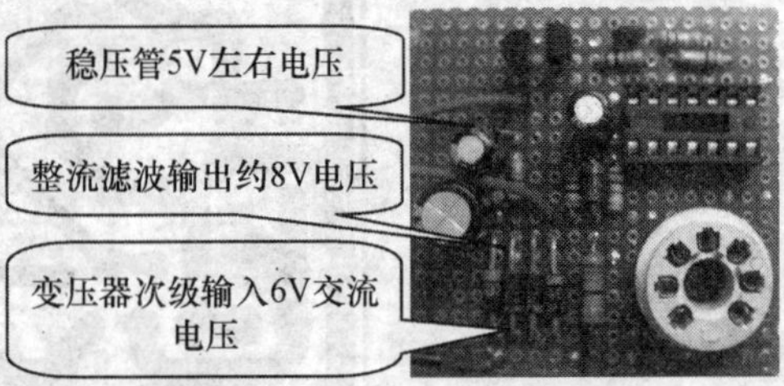 稳压管5V左右电压 整流滤波输出约8V电压 变压器次级输入6V交流电压
3	检测扬声器驱动电路	电源电路正常后，通电检测扬声器驱动电路工作是否正常。检测的方法是用一根导线，一端接电源正极，一端不断去碰触集成块 CD4011⑪脚，即给⑪脚人为地引入高电平。若扬声器驱动电路正常，就会发出"嚓嚓"声	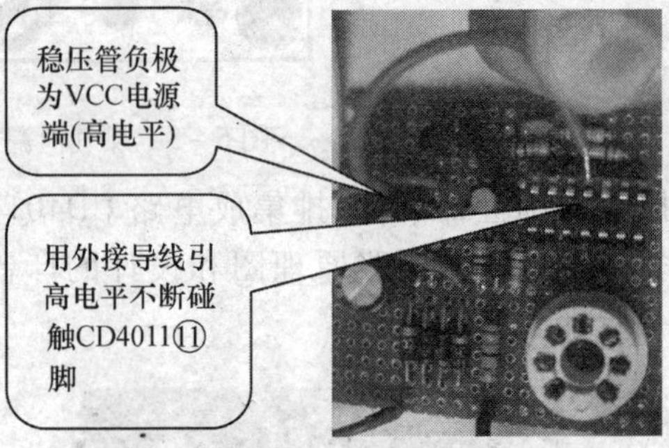 稳压管负极为VCC电源端(高电平) 用外接导线引高电平不断碰触CD4011⑪脚
4	检测振荡电路	上集成块 CD4011，通电检测振荡电路是否工作组成。检测的方法是用一根导线，一端接电源正极，一端接集成块 CD4011⑧脚，即给⑧脚人为地引入高电平。若振荡电路正常，就会激发扬声器驱动电路发出报警声。还要监听声音是否失真、音量是否足够大	 外接导线把高电平引到CD4011⑧脚
5	检测延时电路	检测的方法是：先断电，用一根导线，一端接电源正极，一端接集成块 CD4011②脚，即给②脚人为地引入高电平。通电，扬声器应不会立即报警，而是延时一小段时间再报警，则延时电路正常	 外接导线把高电平引到气敏传感器的B端，该点与CD4011②脚相连

步骤	目的	操 作 方 法	图 片 示 意
6	检测气敏传感器电路	（准备阶段）装入气敏传感器。通电后需要等待大约 2min 时间。这段时间电路完成对气敏传感器的加热和对电容 C_3 的充电	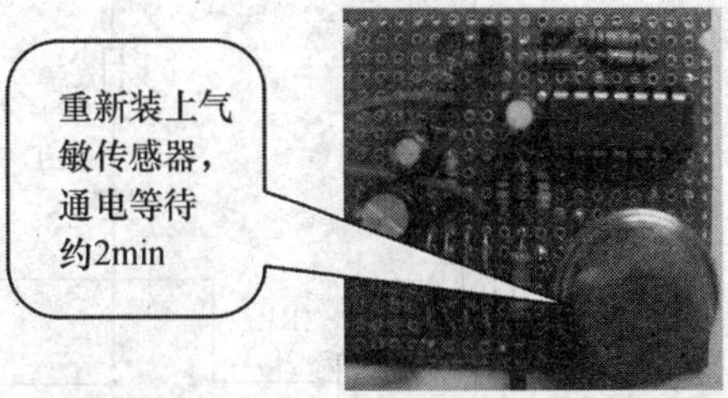 重新装上气敏传感器，通电等待约2min
		取一个气体打火机，打火后将火吹灭，将打火机靠近气敏传感器，对着金属网罩喷气体。同时用一块数字万用表监测 R_3 两端电压。几秒钟后，可见电压急遽升高。报警器发出警报声	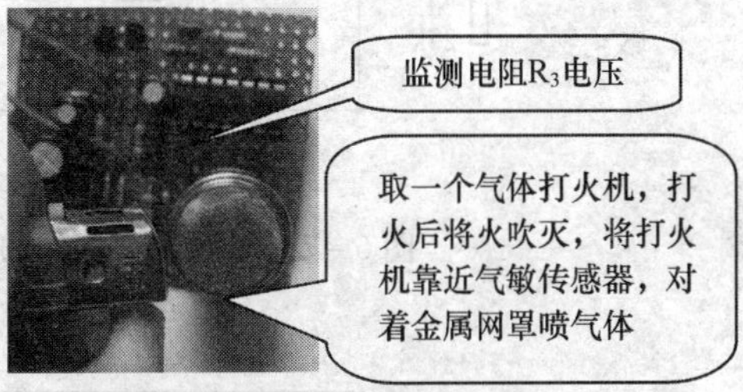 监测电阻R_3电压 取一个气体打火机，打火后将火吹灭，将打火机靠近气敏传感器，对着金属网罩喷气体
7	装配	调试成功，装配起来，成为产品	

　　煤气泄漏报警器还有很多电路形式。这里再介绍几例并附印制板电路图，供读者参考。读者可以根据自己对知识的熟悉情况及手头现有的元件情况来选用相关电路。这几例电路，经过笔者亲手实验，都是可以制作成功的，灵敏度也比较高。

　　电路构成实例 1：用 NE555 制作的煤气泄漏报警器。其电路原理图如图 6－7 所示，印制板电路图如图 6－8 所示。在该电路中，NE555 构成多谐振荡器电路，气敏传感器与电位器 RP_2 分压，控制 NE555 电路第④脚。当 NE555 电路第④脚为低电平时，NE555 停振。当有害气体达到一定浓度时，电位器 RP_2 分压升高，NE555 电路第④脚电压升高，NE555 电路振荡，驱动蜂鸣器（或者扬声器）发出报警声。同时发光二极管 LED 闪烁，指示报警状态。

　　电路构成实例 2：用三极管和报警音乐芯片构成的煤气泄漏报警器。其电路原理图如图 6－9 所示，印制板电路图如图 6－10 所示。该电路由气敏传感器与电位器 RP_1 构成分压电路，控制三极管 VT_1 的工作状态，从而控制报警音乐芯片工作状态。无煤气泄漏时，气敏传感器分压很大，三极管处于截止状态，音乐芯片不工作。当煤气泄漏达到一定浓度时，电位器中间引脚电位降低，三极管导通，触发音乐芯片发出报警声。电容 C_1 起到

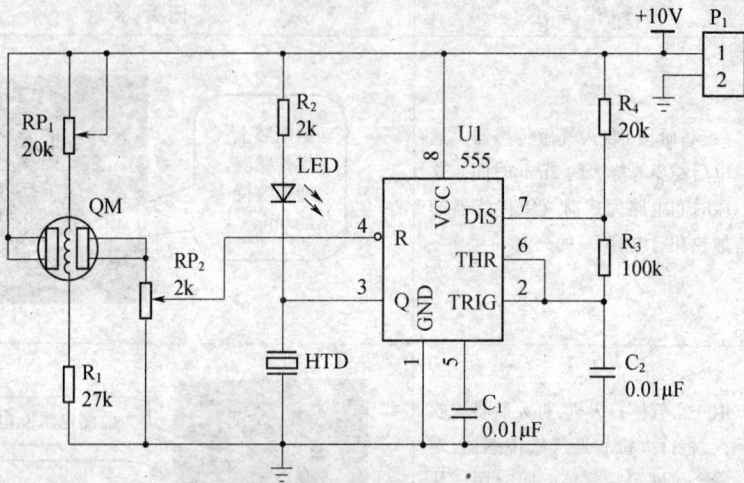

图6-7　用NE555制作的煤气泄漏报警器电原理图

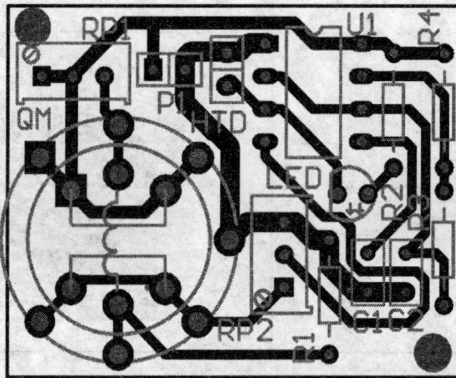

图6-8　用NE555制作的煤气泄漏报警器印制板电路图

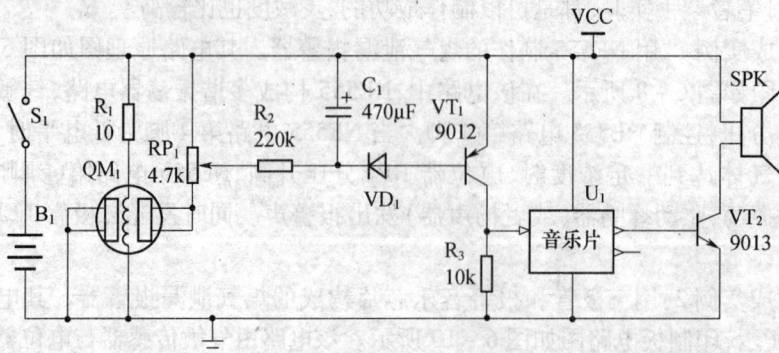

图6-9　用三极管和报警音乐芯片构成的煤气泄漏报警器电原理图

通电时延时报警的作用。印制板电路图中的两个 SPK 用于焊装扬声器的两根引线。

该电路也可以作为矿井瓦斯报警器使用。电源直接由矿灯电瓶供电。

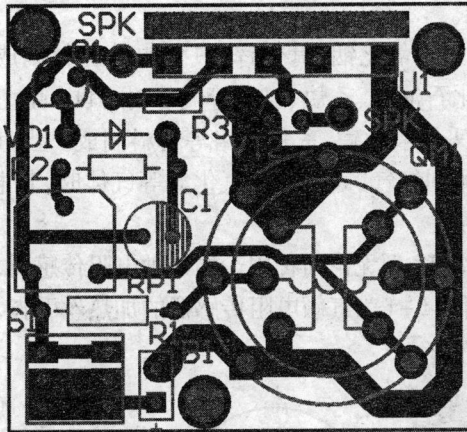

图 6-10　用三极管和报警音乐芯片构成的煤气泄漏报警器印制板电路图

知识链接　气敏传感器的工作原理与应用

气敏传感器是一种能够感知环境中某种气体及浓度的传感器。它利用化学、物理效应,把某些气体及其浓度的信息转换成电信号,经电路处理后进行检测、监控和报警。家庭用抽油烟机上的煤气或液化气泄漏报警和自动排气装置、煤矿坑道用的瓦斯报警器、交警用的酒精检测仪等都是用气敏传感器作为检测器件制成的。气敏传感器的种类很多,有气敏电阻传感器、氢敏管传感器、氧传感器、电化学气体传感器、铂丝气敏传感器、离子感烟传感器等。这里只介绍气敏电阻传感器。其他的气敏传感器,感兴趣的读者可查阅相关资料了解。

气敏电阻传感器简称为气敏电阻,也称"电子鼻"。其电阻值随被检测气体的浓度而变化,能将被测气体的浓度信号转变成相应的电信号。

1. 气敏效应原理

气敏电阻传感器是由某些非化学配比的金属氧化物半导体材料制成的。这种材料在一定的工作温度下,当其与某种气体接触时,用于表面吸附某种气体分子发生氧化—还原反应而引起其电阻率的变化。具体地说,这种半导体在 200℃ ～400℃ 的温度下,由于表面吸附空气中的氧,形成氧的负离子,使半导体导带中的电子密度减小,静态电阻值升高到 $10^5\Omega$ 左右。这时,如果遇到能够提供电子的可燃性气体,如氢、煤气、汽油、一氧化碳、天然气、酒精蒸汽、煤油蒸汽、烷类气体、烯类气体、氨类蒸汽、液化石油气等,原来吸附的氧又将脱附,放出电子还原。可燃性气体以正离子状态吸附在半导体表面,也放出电子,从而使半导体导带中的电子密度增大,电阻值下降。电阻值下降的程度随环境中气体浓度不同而不同,根据这种变化可以检测气体的成分和浓度。

2. 气敏电阻传感器的种类

气敏电阻传感器对可燃性气体进行检测、检漏、监控时,具有灵敏度高、稳定性好、响应和恢复时间短、电阻变化大等优点。

气敏电阻传感器分为 N 型、P 型和结型等三种。由于结型不常见,这里主要介绍 N 型和 P 型气敏电阻传感器。

N 型气敏电阻传感器采用氧化铟、氧化锌、氧化锡等材料制成。当其检测到甲烷、一氧化碳、天然气、煤气、液化石油气、乙炔、氢气等气体时,其电阻值减小。

P 型气敏电阻传感器采用氧化镍、三氧化铬等材料制成。当其检测到可燃性气体时,其电阻值将增大,而在检测到氧气、氮气及二氧化氮等气体时,其电阻值将减小。

3. 气敏传感器结构特点

气敏电阻传感器种类繁多,但无论何种用途的气敏电阻传感器,其外形及引脚大多是一样的,如图 6-11 所示。图中 f-f 为气敏电阻传感器的加热丝引脚,A、B 为测量电极引脚。

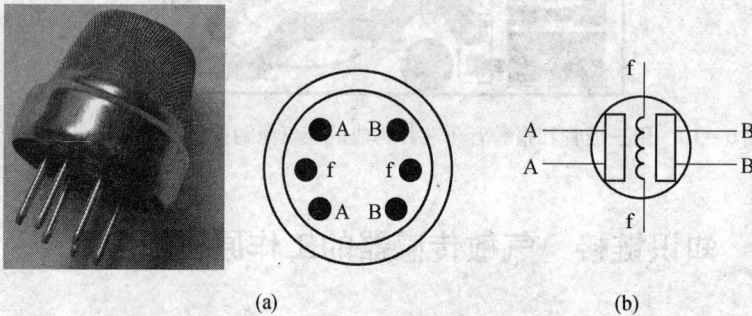

(a)　　　　　　　　　　　　　　　　(b)

图 6-11　气敏传感器外形图和电路图符号

(a) 外形图;(b) 电路图符号。

4. 常用气敏电阻传感器的型号及特性参数

气敏电阻传感器属于气敏元件。气敏元件的特性参数有以下几种。

(1) 气敏元件的电阻值

气敏元件在常温下洁净空气中的电阻值,称为气敏元件的固有电阻值,表示为 R_a。一般其固有电阻值为 $10^3\Omega \sim 10^5\Omega$。

测定固有电阻值 R_a 时,要求必须在洁净空气环境中进行。由于经济地理环境的差异,各地区空气中含有的气体成分差别较大,即使对于同一气敏元件,在温度相同的条件下,在不同地区进行测定,其固有电阻值也都将出现差别。因此,必须在洁净的空气环境中进行测量。

(2) 气敏元件的灵敏度

灵敏度是表征气敏元件对于被测气体的敏感程度的指标。它表示气体敏感元件的电参量(如电阻型气敏元件的电阻值)与被测气体浓度之间的依从关系。表示方法有三种:

① 电阻比灵敏度 K:

$$K = \frac{R_a}{R_g}$$

式中:R_a 为气敏元件在洁净空气中的电阻值;R_g 为气敏元件在规定浓度的被测气体中的电阻值。

② 气体分离度:

$$\alpha = \frac{R_{C_1}}{R_{C_2}}$$

式中：R_{C1} 为气敏元件在浓度为 C_1 的被测气体中的阻值；R_{C2} 为气敏元件在浓度为 C_2 的被测气体中的阻值，通常，$C_1 > C_2$。

③ 输出电压比灵敏度 K_V：

$$K_V = \frac{V_a}{V_g}$$

式中：V_a 为气敏元件在洁净空气中工作时，负载电阻上的电压输出；V_g 为气敏元件在规定浓度被测气体中工作时，负载电阻的电压输出。

（3）气敏元件的分辨率

表示气敏元件对被测气体的识别（选择）以及对干扰气体的抑制能力。气敏元件分辨率 S 表示为

$$S = \frac{\Delta V_g}{\Delta V_{gi}} = \frac{V_g - V_a}{V_{gi} - V_a}$$

式中：V_a 为气敏元件在洁净空气中工作时，负载电阻上的输出电压；V_g 为气敏元件在规定浓度被测气体中工作时，负载电阻上的电压；V_{gi} 为气敏元件在 i 种气体浓度为规定值中工作时，负载电阻的电压。

（4）气敏元件的响应时间

表示在工作温度下，气敏元件对被测气体的响应速度。一般从气敏元件与一定浓度的被测气体接触时开始计时，直到气敏元件的阻值达到在此浓度下的稳定电阻值的 63% 时为止，所需时间称为气敏元件在此浓度下的被测气体中的响应时间，通常用符号 t_r 表示。

（5）气敏元件的恢复时间

表示在工作温度下，被测气体由该元件上解吸的速度，一般从气敏元件脱离被测气体时开始计时，直到其阻值恢复到在洁净空气中阻值的 63% 时所需时间。通常用符号 t_H 表示。

（6）初期稳定时间

一般电阻型气敏元件，在刚通电的瞬间，其电阻值将下降，然后再上升，最后达到稳定。由开始通电直到气敏元件阻值到达稳定所需时间，称为初期稳定时间。初期稳定时间是敏感元件存放时间和环境状态的函数。存放时间越长，其初期稳定时间也越长。在一般条件下，气敏元件存放两周以后，其初期稳定时间即可达最大值。

常用气敏电阻传感器的型号及特性参数见表 6-4，供读者选用参考。

表 6-4　常用气敏电阻传感器的型号及特性参数

型号	灵敏度 $K_V = \frac{V_a}{V_g}$	分辨率 $S = \frac{V_g - V_a}{V_{gi} - V_a}$	洁净空气中的电压 V_a/V	电压增量/V	响应时间 T_r/s	恢复时间 T_H/s	测试条件			适用气体
							U_{KA}/V	U_H/V	$R_L/k\Omega$	
MQ-2			≤2.5	≥2	≤10	≤30	10	5	2	可燃气体
MQ-3	≥3	≥5	≤1		≤10	≤30	10	5	2	酒精
MQ-4	≥5	≥5	≤1		≤10	≤30	10	5	2	天然气
MQ-5	≥5	≥5	≤1		≤10	≤30	10	2/5	2	CO
MQ-6	≥5	≥5	≤1		≤10	≤30	10	5	2	LPG 气体
MQ-7	≥3	≥5	≤1		≤30	≤60	10	5	2	CO
测试条件：U_{KA} 极间电压为 10V(DC)，U_H 灯丝电压为 5V(DC)，R_L 负载电阻为 2kΩ										

项目学习评价小结

1. 学生自我评价

（1）填空题

① 气敏传感器是一种能够感知环境中（　　　　）的传感器。

② 气敏传感器的种类很多,有（　　）、（　　）、（　　）、（　　）、（　　）、（　　）等。

③ 在本项目所制作的煤气泄漏报警器电路由（　　）、（　　）、（　　）、（　　）、（　　）等部分构成。

④ CD4011 是一个（　　）集成电路,其中每个单元电路的逻辑功能是（　　　　）。

（2）分析判断题

① 气敏传感器感知特定气体后,电阻值会减小。（　　）

② 气敏传感器感知特定气体后,电阻值立即改变。（　　）

（3）问答题

① 知识拓展 1 用 NE555 制作的煤气泄漏报警器,集成电路 NE555 在电路中的作用是什么? NE555 第④脚作用是什么?

② 气敏传感器有哪些类型?

③ 怎样选用气敏传感器?

2. 项目评价报告表

项目名称:			组别:	学生姓名:
项目实施于:　　年　　月　　日　至　　年　　月　　日				
项目过程评价		评分依据		得分
小组评价	学习态度 20分	按时参加,且无迟到早退现象(迟到一次扣1分)	得5分	
		积极参与项目制作与讨论	得5分	
		认真完成实验记录和作业者(未完成者,一次扣2分)	得10分	
	团队精神 40分	相互尊重,关心他人	得15分	
		能协助他人理解者	得15分	
		能提出整改意见(未被采纳者只得1分)	得10分	
	成绩与收获 20分	能说出项目的基本功能	得2分	
		理解项目工作原理	得5分	
		具备独立完成调试能力	得13分	
	安全意识 20分	按照操作规程进行实验者 (无论大小事故,均不得分)	得20分	总得分:
教师评语				
专家评语:			综合得分:	

项目七 空气湿度指示仪的制作

项目情景展示

一阵急促的"嘟嘟"声随着红色的闪光,间断地响了起来,年轻的妈妈闻讯后立即跑到孩子睡觉的房间,很快宝宝身下的尿布被及时地换了下来。咦……孩子也没有哭闹,尿床的事儿妈妈是怎么知道的? 原来,为了避免宝宝因尿床而可能导致孩子着凉,甚至引起孩子皮肤上的疾病等,聪明的妈妈在自己孩子的身下放置了一样新买来的被称作"婴儿尿床告知器"的装置,该装置能及时感知到婴儿身下的潮湿度,一旦超出事先设定的临界值,立即启动报警执行机构。

婴儿尿床报知器之所以能够报警,主要是该装置里有一个湿敏传感器,该传感器对湿度的变化较为敏感,通过后续电路比较和放大,驱动报警器发出声响。在本项目中,通过制作空气湿度指示表来学习和认知湿敏传感器的工作原理。

项目学习目标

	学 习 目 标	教学方式	学时
技能目标	1. 学会使用简单工具制作电路板。 2. 空气湿度指示仪的制作与调试	讲授、学生实作	5
知识目标	1. 了解温度传感器的构成原理。 2. 湿敏传感器的种类	讲授	3

任务 空气湿度指示仪的工作原理分析与电路制作

1. 空气湿度指示仪的原理

空气湿度指示仪的原理结构方框图如图 7-1 所示,由湿敏传感器件、检测电路和指示显示部件组成。湿敏传感是感知外部环境湿度的关键部件,其原理基于能产生与湿度有关的物理变化或化学反应的一些材料对湿度的敏感性,并将空气湿度量转换为相应的电信号,经过后续电路的比较放大后驱动仪表指示空气中的相对湿度数值。

图 7-2 为空气湿度指示仪表的电路原理图,其中 CP_1 为湿度传感器,其输出的电信号送给由 U_1 等电子器件组成的直流放大器。当空气湿度增加时,CP_1 表面的湿度也会因吸附着较多的水分子使其电性能发生了变化,在这里所使用的湿度传感部件的特性是:湿度增加,电阻值将较小,反之电阻增大。再通过后续的直流放大器进行放大后,驱动仪表指示出相应的数值。

图 7-1 空气湿度指示表的原理结构方框图

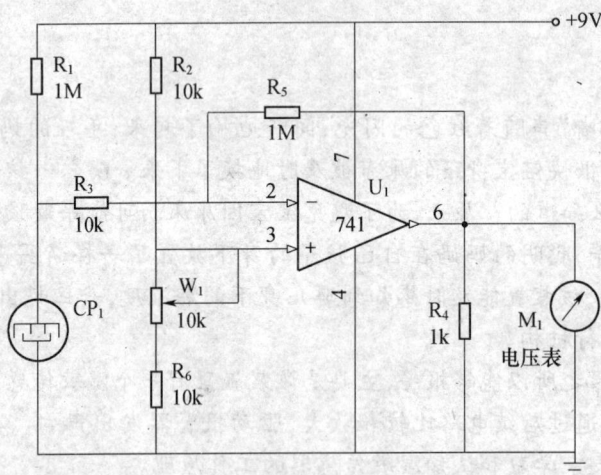

图 7-2 空气湿度指示仪表的电路原理图

2. 空气湿度指示仪的制作与调试

空气湿度指示仪共使用了 10 个电子元器件,其中,湿敏传感部件需自制完成。具体清单见表 7-1。

表 7-1 空气湿度指示仪元件清单表

序号	名称	图 示	器件识别与检测说明
1	R_1、R_5		电阻值:1M 五色环:棕-黑-黑-黄-棕
2	R_2、R_3、R_6		电阻值:10kΩ 四色环:棕-黑-橙-金
3	R_4		电阻值:1kΩ 五色环:棕-黑-黑-棕-棕
4	W_1		名称:电位器 阻值:10kΩ

序号	名称	图 示	器件识别与检测说明
5	U₁		名称:运算放大集成电路 型号:μA741
6	M₁		名称:电压表 量程:10V～15V
7	CP₁		湿敏传感头(需自制) 材料:覆铜板 尺寸:20 mm×35mm

　　在本项目中,空气湿度指示仪中的所有器件焊接在万用电路板上,在焊接前需要规划电子元器件安放的位置,由电路可知,集成电路 U₁ 是放大电路的核心部件,因此,首先应根据 U₁ 的体积和周边电子器件来安排和定位所使用的元器件,空气湿度指示仪的实物图如图 7 - 3 所示,具体制作步骤见表 7 - 2。

图 7 - 3　自制的空气湿度指示仪

表 7-2 空气湿度指示仪制作的步骤

步骤	图 示	说 明
1	 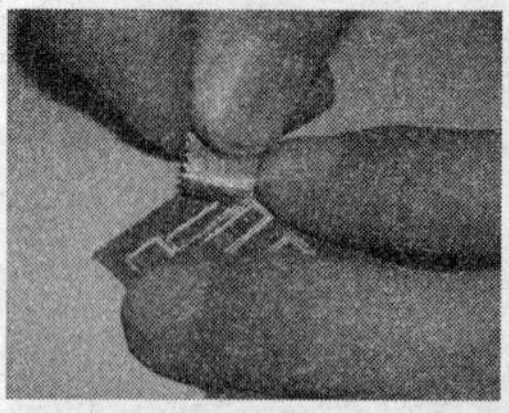 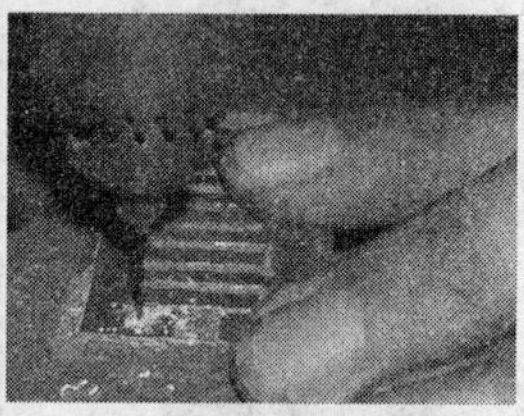 焊接孔	裁剪一块覆铜板,尺寸为20mm×35mm。 采用刀刻的方式,可出制作简易湿度敏感板。 使用电钻打出湿敏传感板的两个焊接孔
2	 	湿敏板刻制完成后,使用万用表"×10k"电阻挡,用表笔测量湿敏传感板两焊接孔,显示电阻值应大于1MΩ
3	 	用手接触自制的湿敏传感板,此时万用表应快速向右偏转,一般阻值小于100kΩ。至此,自制湿敏传感头制作完毕
4	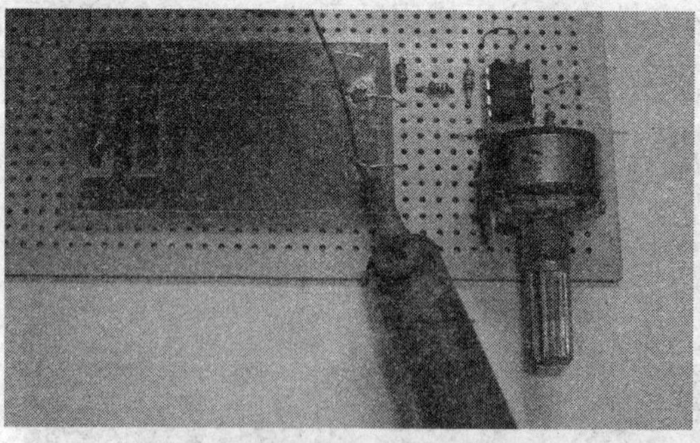	根据空气湿度指示仪的原理图,将所有器件焊接在万用电路板上,最后,将自制的湿度传感头连接在万用板上(可以使用电阻引脚连接,见左上图所示)。 将万用表功能旋钮旋至10V电压挡。 接通空气湿度指示仪电路板的电源。
5	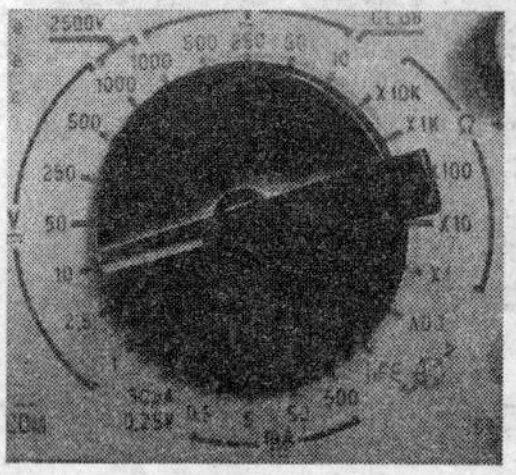 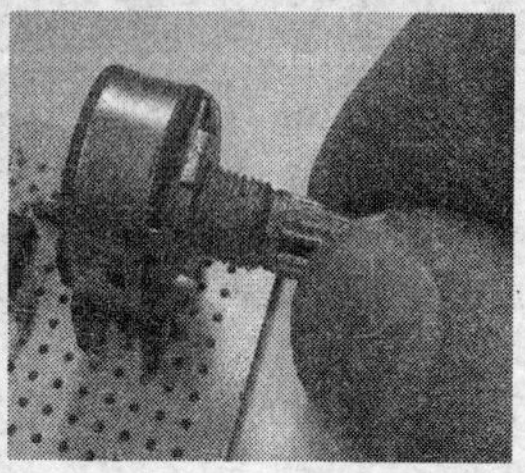	首先测量集成电路 U_1 的7脚与4脚之间的电压是否正常。再测量 U_1 的静态输出电压数值。方法是:将红色表笔连接在集成电路μA741的6脚,黑表笔接地,一般会测出1.5V左右的电压,调整 W_1 使μA741的6脚输出电压为2.2V左右

步骤	图　示	说　明
6	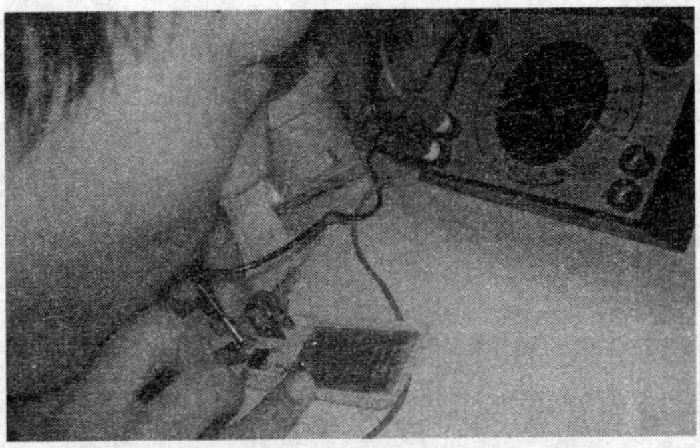	使用万用表红表笔检测 μA741 集成电路的 6 脚电压,用嘴对着自制传感探头上吹气,此时万用表的指针会急速向右侧偏转,说明本电路工作正常。 注:吹气的目的是给湿度传感探头增加湿度
7		将电压表 M_1 与电路板连接起来,用手轻轻触摸湿度传感板,电压表就会有一定的偏转。空气湿度指示仪制作完毕

知识链接　湿敏传感器的工作原理与应用

　　湿度传感器是指检测环境湿度的传感器,由湿度敏感元件、变换元件和测量电路三部分组成。对于湿度传感器的敏感元件,常见的结构形式有三种:电容型、电阻型和电流型,分别通过检测电阻、电容和电流的变化来传感被测量。在仓储、工业生产、过程控制、环境监测、家用电器、气象等方面有着广泛的应用。

知识点 1　湿度及其表示

　　湿度是一个重要的物理量,在工业、农业、航空航天、计量等许多环境都需要进行湿度的测量。湿度是指大气中的水蒸气含量,湿度有多种表示方法,如绝对湿度、相对湿度、露点温度等。

1. 绝对湿度

　　绝对湿度是指单位体积的空气中所含水蒸气的质量,单位为 g/m^3,一般用符号 AH 表示。

$$绝对湿度 = \frac{m_v}{V}$$

式中: m_v 为被测气体中的水蒸气质量; V 为被测空气的总体积。

2. 相对湿度

相对湿度是指被测气体中的水蒸气分压与相同温度下饱和水蒸气压的百分比,它是一个无量纲的量,一般用符号 RH 表示。

$$相对湿度 = \frac{P_V}{P_W} \times 100\%$$

式中:P_V 为被测空气中的水蒸气分压;P_W 为与被测空气同温度时水的饱和水蒸气压。

在实际中多使用相对湿度这一概念。

3. 露点温度

在日常生活中可以看到,到夜间空气温度降低时,空气中的水分会有一部分析出,形成露水或霜,这说明在水蒸气含量和气压都不变的情况下,由于温度的降低,能够使空气中原来未达饱和的水蒸气变成饱和蒸气,多余的水分就会析出。使水蒸气达到饱和时的温度(即空气中水蒸气变为露珠时候的温度)叫作露点温度,简称露点,用摄氏度表示。露点温度本是个温度值,可为什么用它来表示湿度呢? 这是因为,当空气中水蒸气已达到饱和时,气温与露点温度相同;当水蒸气未达到饱和时,气温一定高于露点温度。所以露点与气温的差值可以表示空气中的水蒸气距离饱和的程度。由于温度降低过程中水蒸气含量并没有改变,因此,测定露点实际上就是测定了空气中的绝对湿度。如果露点越低,表示空气中的水分含量越少。例如,空气经干燥器后的露点为 $-50℃$,对应的饱和水蒸气含量 $0.038g/m^3$,说明空气中尚含有这些水分。如果露点为 $-60℃$,则饱和水蒸气含量为 $0.011g/m^3$,露点越低,说明干燥程度越高。露点可用专用露点仪测定。

湿敏传感器就是能够感受外界湿度变化,并通过感湿元件的物理或化学性质变化,将湿度转化成电阻、电介常数等电信号变化的器件。

知识点 2　对湿敏传感器的基本要求

湿敏传感器通常应满足如下要求。

① 能满足所要求的湿度测量范围,且响应迅速。
② 在各种气体环境中特性稳定。
③ 受温度的影响小,能在 $-30℃ \sim 100℃$ 的环境温度中使用。
④ 不受尘埃附着的影响。
⑤ 工作可靠,互换行好,使用寿命长。
⑥ 制造简单,价格便宜。

知识点 3　湿敏传感器的种类

目前用于低温下测量的湿敏传感器:按湿敏元件的材料分主要有电解质湿敏传感器、半导体陶瓷湿敏传感器和有机高分子聚合物湿敏传感器;按照工作原理分主要有电阻式湿敏传感器和电容式湿敏传感器两类。湿敏元件是最简单的湿敏传感器,这里主要以电阻式、电容式两类湿敏传感器为例,介绍湿敏传感器的原理。常见湿敏传感器的实物图与电路符号如图 7-4 所示。

结露传感器　　湿敏传感器实物图　　湿敏传感器结构图　　电路符号

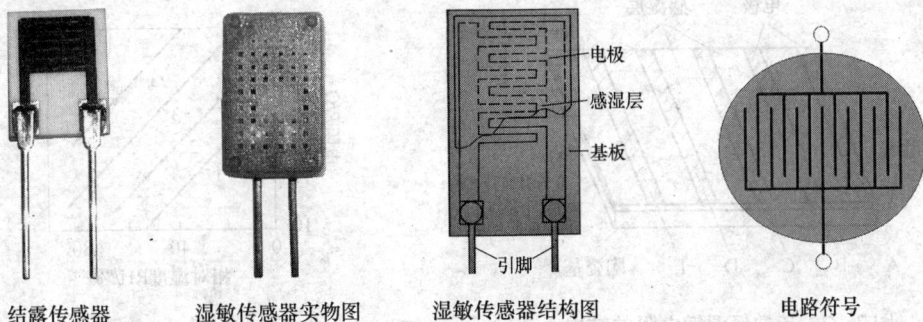

图7-4　湿敏传感器

1. 电阻式湿敏传感器(又称湿敏电阻)

电阻式湿敏传感器的敏感元件是湿敏电阻,湿敏电阻是一种阻值随环境相对湿度的变化而变化的敏感元件,主要由感湿层、电极和具有一定机械强度的绝缘基片组成。图7-5所示是氯化锂湿敏电阻的结构示意图。感湿层在吸附了环境中的水分后引起两电极间电阻值的变化,这样可以通过电阻的变化来实现对湿度的测量。湿敏电阻的优点是灵敏度高,主要缺点是线性度和产品的互换性差。

湿敏电阻按其感湿层的材料有氯化锂、碳、氧化物、硫酸钙、氟化物、碘化物偏磷酸盐及有机物等。

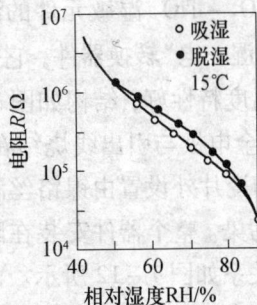

氯化锂湿敏电阻的电阻—相对湿度特性如图7-6所示,通过测定电阻,便可知道相对湿度。由图可知在50%～80%的相对湿度范围内,电阻与湿度的变化成线性关系。为了扩大湿度测量范围,可以将多个氯化锂含量不同的湿敏元件组合使用。如将测量范围分别为(20%～50%)RH、和(40%～80%)RH的两种湿敏元件配合使用,就可以测量(20%～80%)RH范围内的湿度。由图7-6还可以看出,在湿气的吸湿和脱湿过程中,元件的电阻值变化呈现出较小的滞后现象。因此,如果湿度的测量精度要求不高(如±2%(RH)),在常温附近使用时,可不必进行温度补偿。

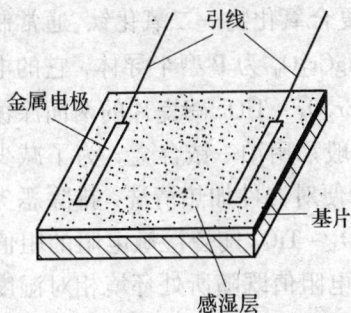

图7-5　氯化锂湿敏电阻结构示意图　　　图7-6　氯化锂湿敏电阻的电阻—湿度特性

硫酸钙湿敏电阻的结构和它的电阻—相对湿度特性如图7-7和图7-8所示,使用时,可以根据湿度测量范围任选其中两个电极,图7-8中的曲线1是图7-7中A、B两电极间的电阻—相对湿度特性;曲线2是A、C两电极间的电阻—相对湿度特性,余下类推。因为各对电极可自由选用,给使用带来很大方便。

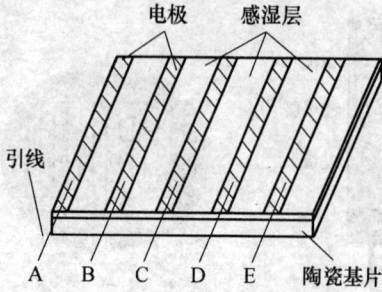

图 7-7　硫酸钙湿敏电阻的结构

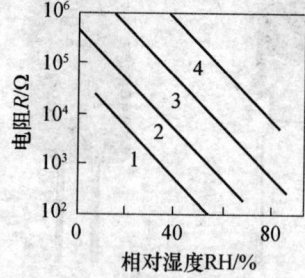

图 7-8　硫酸钙湿敏电阻的电阻—湿度特性

陶瓷湿敏传感器又称半导瓷湿敏电阻,通常是用两种以上的金属氧化物半导体材料混合烧结而成的多孔陶瓷。这些材料有 $ZnO - LiO_2 - V_2O_5$ 系、$Si - Na_2O - V_2O_5$ 系、$TiO_2 - MgO - Cr_2O_3$ 系、Fe_3O_4 等,前三种材料的电阻率随湿度增加而下降,故称为负特性湿敏半导瓷,最后一种的电阻率随湿度增大而增大,故称为正特性湿敏半导瓷。图 7-9 表示了几种负特性半导瓷湿敏电阻的阻值与湿度关系,图 7-10 给出了 Fe_3O_4 正特性半导瓷湿敏电阻的阻值与湿度关系。

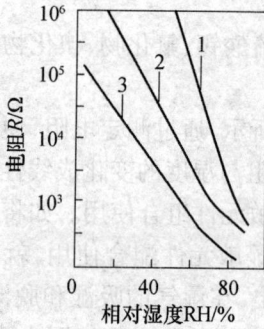

图 7-9　半导瓷湿敏电阻负特性曲线

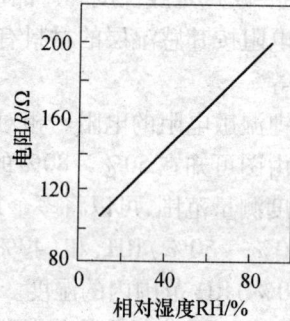

图 7-10　Fe_3O_4 湿敏器件正特性曲线

$MgCr_2O_4 - TiO_2$ 湿敏元件的湿敏材料是氧化镁复合氧化物—二氧化钛,通常制成多孔陶瓷型"湿—电"转换器件,它是负特性半导瓷,$MgCr_2O_4$ 为 P 型半导体,它的电阻率低,阻值温度特性好,结构如图 7-11 所示,在 $MgCr_2O_4 - TiO_2$ 陶瓷片的两面涂覆有多孔金电极,金电极与引出线烧结在一起,电极引线一般采用铂—铱合金。为了减少测量误差,在陶瓷片外设置由镍铬丝制成的加热线圈,以便对器件加热清洗,排除恶劣环境对器件的污染。整个器件安装在陶瓷基片上。$MgCr_2O_4 - TiO_2$ 陶瓷湿敏电阻的阻值与湿度之间的关系如图 7-12 所示。由图看出,传感器的电阻值既随所处环境相对湿度的增加而减小,又随周围环境温度的变化而有所变化。

$ZnO - Cr_2O_3$ 陶瓷湿敏传感器的结构是将多孔材料的电极烧结在多孔陶瓷圆片的两表面上,并焊上铂引线,然后将敏感元件装入有网眼过滤的方形塑料盒中用树脂固定而做成的,其结构如图 7-13 所示。

$ZnO - Cr_2O_3$ 传感器能连续稳定地测量湿度,而无需加热除污装置,因此功耗低于 0.5W,体积小,成本低,是一种常用测湿传感器。

110

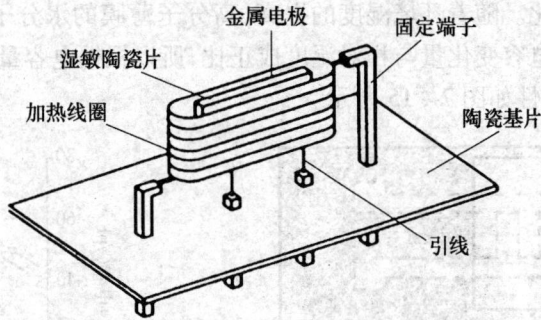

图 7 - 11　$MgCr_2O_4 - TiO_2$ 湿敏元件结构图

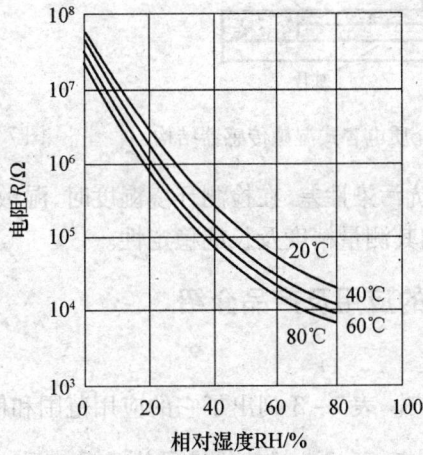

图 7 - 12　$MgCr_2O_4 - TiO_2$ 陶瓷湿敏电阻的阻值与湿度之间的关系

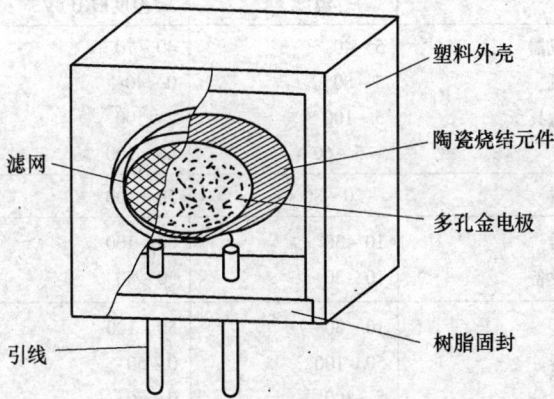

图 7 - 13　$ZnO - Cr_2O_3$ 陶瓷湿敏传感器结构

2. 电容式湿敏传感器(又称湿敏电容)

电容式湿敏传感器是利用湿敏元件的电容值随湿度变化进行湿度测量的传感器。湿敏元件的吸湿性电介质材料主要有高分子聚合物和金属氧化物等。常用的高分子材料有聚苯乙烯、聚酰亚胺、醋醋酸醋纤维等。高分子薄膜电介质电容式湿敏传感器的基本结构如图 7 - 14 所示,其上部多孔质的金电极可使水分子透过,当水分子被高分子薄膜吸附时,介电常数发生变化。随着环境湿度的提高,高分子薄膜的水分子增多,因而湿度传感器的电容量增加,其电容变化量与相对湿度成正比,所以根据电容量的变化可测得相对湿度。其电容—湿度特性如图 7-15 所示。

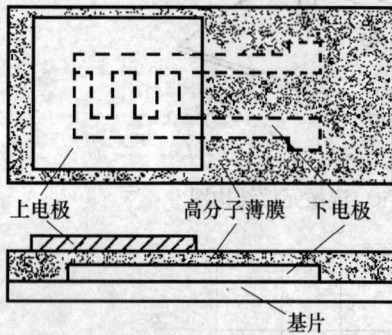

图 7-14　高分子薄膜电介质电容式湿敏传感器结构　　图 7-15　电容—湿度特性

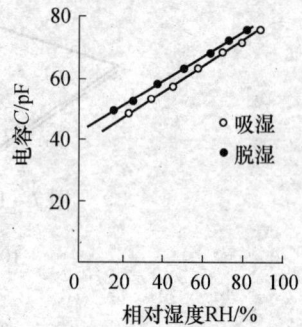

　　湿敏元件的线性度及抗污染性差,在检测环境湿度时,湿敏元件要长期暴露在待测环境中,很容易被污染而影响其测量精度及长期稳定性。

知识点 4　湿敏传感器的应用及产品介绍

1. 湿敏传感器的应用

湿敏传感器的用途极广。表 7-3 列出了它的应用范围和使用温度、湿度范围。

表 7-3　湿敏传感器的应用范围

应用领域	举例	使用温度、湿度范围		备注
		温度 /℃	湿度(RH) /%	
家用电器	空调机器	5~40	40~70	空调、衣服烘干机、食品的加热、烹调控制、防止结露
	干燥机	5~80	0~40	
	电子炊具	5~100	2~100	
	VTR	-5~60	60~100	
汽车	散热器	-20~80	50~100	防止结露
医疗	治疗器	10~30	80~100	呼吸器系统、空调
	保健设备	10~30	50~80	
工业	纤维	10~30	50~100	制丝、窑业木材烘干、窑业原料、磁头、LSI、IC
	干燥器	50~100	0~50	
	粉体水分	5~100	0~50	
	干燥食品	50~100	0~50	
	电子部件生产	5~40	0~50	
农林畜牧	房屋空调	5~40	0~100	空调、防止结露、健康管理
	茶田防霜	-10~60	50~100	
	饲鹅	20~25	40~70	
测量	恒温恒湿槽	-5~100	0~100	精密测量、气象测量
	无线电测候器	-50~40	0~100	

图 7-16 所示为自动烹调设备中湿度检测控制系统原理图。R_S 为湿敏元件,电热器用来加热湿敏元件至 550℃ 工作温度。由于传感器工作在高温环境中,所以湿敏元件一般不采用直流电供电,而采用振荡器产生的交流电供电。因为在高温环境中,当湿敏元件加上直流电时,很容易发生电极材料的迁移,从而影响传感器的正常工作。R_0 为固定电阻,与传感器电阻 R_S 构成分压电路。交—直流变换器的直流输出信号经运算单元运算,输出与湿度成比例的电信号,并由显示器显示。

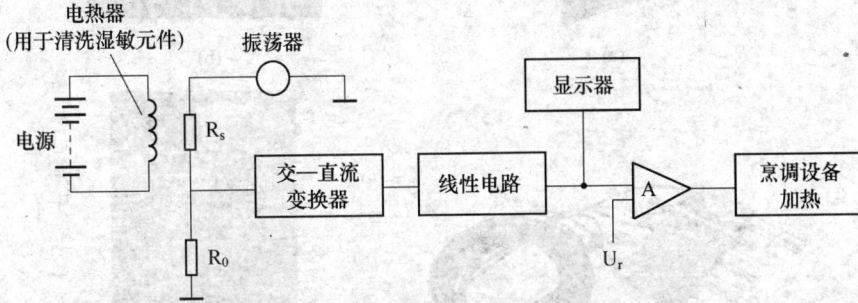

图 7-16　自动烹调设备中湿度检测控制系统原理图

湿敏传感器安装在烹调设备(图 7-17)的排气口,检测烹调时食品产生的湿气。使用时首先将电热器电源接通,使湿敏元件的温度升高到要求的工作温度。然后启动烹调设备,对食品加热,依据湿度变化来控制烹调过程的进行。图 7-16 中 U_r 是比较器用来判断是否停止加热的基准信号。比较器的输出可用来对烹调设备的加热进行控制。

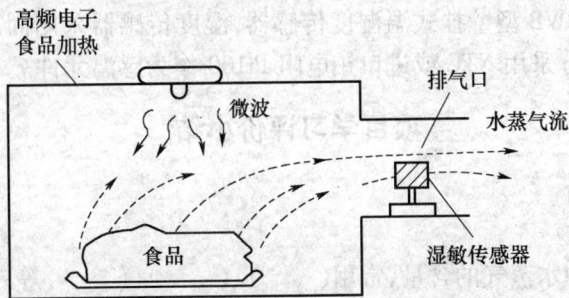

图 7-17　采用湿敏传感器的高频电子食品加热器

2. 采用湿敏传感器的产品介绍

随着社会的发展,不仅人们对生活环境的要求也越来越高,很多精密仪器也对温湿度有着较高的要求,由此便催生出各种温湿度检测设备。图 7-18 列出了几种常见的温湿度测试设备的产品。

图 7-18(a)是 SASBR-1000 系列室内温湿度传感器,湿度检测采用高分子薄膜湿敏电容,当湿度变化时电容值发生变化,并由相应的电子线路将其转换成电压(电流)信号,通过标准端口输出。温度检测电路由高精度厚膜铂电阻感温元件及其电压(电流)变送电路构成,当温度变化时,铂电阻阻值随之变化,检测此变化值,并由相应的电子线路将其转换成电压(电流)信号,通过标准端子输出。传感器封装在能够均匀检测到温湿度变化的壳体中。该产品应用于暖通空调(HVAC)、能量管理系统、洁净工程、电子厂房、药

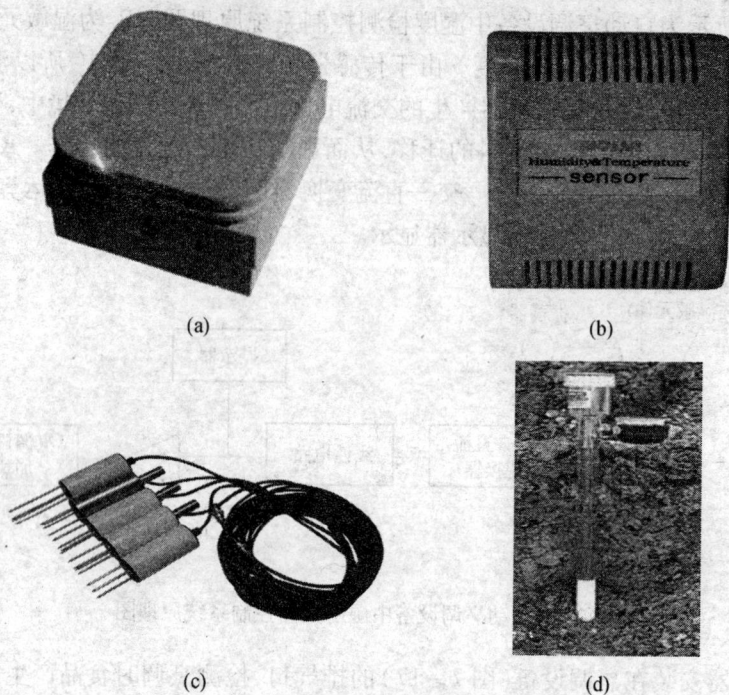

图 7-18 常见的一些温度、湿度测试设备

（a）室内温湿度传感器；（b）JWB 壁挂式温湿度传感器；（c）土壤湿度传感器；（d）土壤湿度传感器应用。

厂、卷烟厂、计算机房、程控交换机房、图书馆、实验室等。

图 7-18（b）是 JWB 型壁挂式温湿度传感器,湿度传感器采用固态聚合物结构的湿敏电容元件,温度部分采用 NTC 或进口铂电阻 Pt100 作为感温元件。

项目学习评价小结

1. 学生自我评价

（1）填空题

① 湿度指大气中水蒸气的含量,常用（　　）、（　　）、（　　）等三种方法表示,在实际中多使用（　　）。

② （　　）是电阻式湿敏传感器的敏感元件,它是一种（　　）随环境湿度的变化而变化的敏感元件,

③ 电容式湿敏传感器是利用湿敏元件的（　　）随环境湿度变化进行湿度测量的传感器。

（2）分析判断题

① 湿敏电阻的电阻率和电阻值随环境湿度的增加而减小。（　　）

② $MgCr_2O_4 - TiO_2$ 陶瓷湿敏电阻的电阻值既随环境相对湿度的增加而减小,又随周围环境温度的变化而有所变化。（　　）

③ 湿敏电阻的特点是灵敏度高,线性度和产品的互换性差。

（3）问答题

① 露点温度本是温度值,为什么用它来表示湿度?

114

② 简要说明高分子薄膜电介质电容式湿敏传感器的测湿原理。

2. 项目评价报告表

项目名称：				组别：		学生姓名：	
项目实施于：	年 月 日 至	年 月 日					
项目过程评价		评分依据				得分	
小组评价	学习态度 20分	按时参加,且无迟到早退现象(迟到一次扣1分)		得5分			
		积极参与项目制作与讨论		得5分			
		认真完成实验记录和作业者(未完成者,一次扣2分)		得10分			
	团队精神 40分	相互尊重,关心他人		得15分			
		能协助他人理解者		得15分			
		能提出整改意见(未被采纳者只得1分)		得10分			
	成绩与收获 20分	能说出项目的基本功能		得2分			
		理解项目工作原理		得5分			
		具备独立完成调试能力		得13分			
	安全意识 20分	按照操作规程进行实验者 (无论大小事故,均不得分)		得20分		总得分：	
教师评语							
专家评语：				综合得分：			

项目八　安检金属检测仪的制作

项目情景展示

在战争片的电影中,人们常常可以看到一名工兵头戴耳机,手里拿着底端类似圆环的长杆装置,小心翼翼地在地面上慢慢地左右移动着,不一会儿,有很多埋在地下的地雷被发现。工兵手里拿着的装置就是地雷探测器,由于当时各国生产的地雷几乎都不约而同地使用了金属外壳,因此,当时所使用的地雷探测器的实质就是一个金属探测器。

项目学习目标

	学　习　目　标	教学方式	学时
技能目标	1. 学会手工制作电感线圈。 2. 掌握差拍电路的制作与调试	讲授、学生实作	5
知识目标	1. 能描述金属检测仪的工作原理。 2. 接近传感器的种类与原理	讲授	2

任务一　安检金属检测仪的工作原理分析

1. 安检金属检测仪的电路结构

金属探测的方法有很多,按照功能可划分为:全金属探测和部分金属探测。全金属探测是指能检测钢、铁、铜、铝等金属物体探测器;部分金属检测是指对某一类金属具有感知作用的探测器,如:有的金属探测器对导磁体敏感,有的金属探测器对良好导电体敏感,而有的探测器对所有金属具有敏感效果。

常见的海关安检金属探测器一般具有全金属探测能力,但无论哪种安检金属探测器,其工作原理均以拾取电感变化量为探测依据。以类似上述原理制作的检测装置就是金属检测器。

将常见的安检金属探测器的基本电路方框图如图 8-1 所示,包括金属传感器、测量比较电路及报警执行机构。当有金属物靠近金属传感器时,传感器将有一个不同于之前的信号变化量,这个变化量被送至测量比较电路进行比较,最后输出信号,控制报警执行机构作出相应的动作,如驱动报警器发出声响等。

通常情况下,金属传感器的探头是由电感线圈构成的,因此也称为电感传感器,是利用电磁感应的原理,当有金属物体靠近电感线圈距离较近时,将引起电感线圈内磁通量的变化,换句话说,金属靠近线圈距离的变化量,将引起电感器本身自感系数或互感系数的

图 8-1　金属探测器的基本电路方框图

变化量。根据这个原理,可以实现对金属进行探测及金属靠近开关等控制。

2. 简易金属检测仪电路

简易金属探测电路原理图如图 8-2 所示,集成电路 U_1 内部包含六个反相器,分别用 U1A～U1F 表示,根据本电路原理,需要使用其中四个逻辑单元,U1A、U1B、R_1、R_2 及 C_1 组成 RC 振荡电路,振荡频率用 f_R 表示,振荡器的频率主要由电子 R 和电容器 C_1 决定,U1E、U1F、L_1 及 C_2 组成 LC 振荡路,振荡频率用 f_L 表示,振荡器的频率由电感器 L_1 和 C_2 决定,VD_1、VD_2、R_3、L_2 及 C_3 组成拍频和滤波电路,U_2、C_4、C_5、C_6 及 SP 组成音频放大电路。

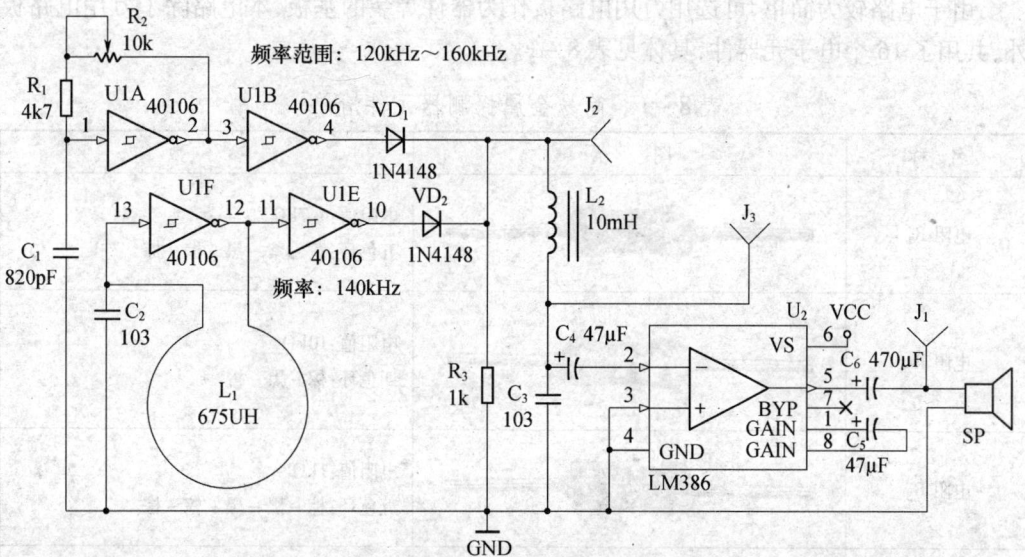

图 8-2　简易金属探测器电路原理图

由图 8-2 可知,本电路以 U_1 为核心,构成了两个振荡器,VD_1、VD_2 及 R_3 组成一个拍频器,U_2 为小功率音频放大器,可以直接推动扬声器发出近 1W 的功率。

工作时,调整 R_2 使得两个振荡器的振荡器的信号输出频率一致,根据交流信号差频原理可知,不同频率的等幅正弦波叠加时,其合成后的信号频率与幅度将按照两个输入信号的频率之差有关。

当没有金属靠近时,由于两个振荡器的振荡信号频率一致,两个振荡器的输出信号经过 VD_1、VD_2 及 R_3 混合后的频率差为

$$f_{差频} = f_R - f_L = 0Hz$$

当有金属物接近电感线圈 L_1 时,L_1 中的交变磁场将在在金属导体内部产生涡流,致使电感线圈 L_1 的电感量也会发生相应的变化,由此将导致 LC 振荡器的振荡频率发生偏移,两个振荡器信号经混合后,其差频为

$$f_{\text{差频}} = f_R - f_L \neq 0\text{Hz}$$

由上式可知,两个不同频率信号混合后,将有一个新的频率信号产生。

比如:当 $f_R = 140\text{kHz}$，$f_L = 139\text{kHz}$ 时,则 $f_{\text{差频}} = f_R - f_L = 140\text{kHz} - 139\text{kHz} = 1\text{kHz}$。

可见,$f_{\text{差频}}$ 为 1kHz 的音频信号,是人耳朵可以听见的声音频率范围,经 L_2 和 C_3 组成的低通网络,滤除高频成分,频率较低的音频顺利通过 C_4,最后经过 LM386 进行低频放大电路后,推动扬声器发声。

需要提示的是:在可变电阻值不变的前提下,只要扬声器 SP 发出变化的音频,即说明靠近线圈的物体含有大量的金属成分,应引起检测人员的注意。

任务二　简易金属检测仪的制作与调试

1. 金属检测仪的制作

由于电路较为简单,可选用万用电路板作为器件焊装的基板,本电路除了万用电路板外,共用了 16 个电子元器件,具体见表 8 - 1。

表 8 - 1　简易金属探测器元件清单

名　　称	图　　示	参　　数
电阻 R_1		电阻值:4.7kΩ 五色环:黄 - 紫 - 黑 - 棕 - 棕
电阻 R_2		电阻值:10kΩ 四色环:棕 - 黑 - 橙
电阻 R_3		电阻值:1kΩ 五色环:棕 - 黑 - 黑 - 棕 - 棕
电容器 C_1		名称:瓷片电容器 容量:821(820pF)
电容器 C_2、C_3		名称:瓷片电容器 容量:103(0.01pF)
电容器 C_4		名称:电解电容器 容量:47μF
电容器 C_5		名称:电解电容器 容量:4.7μF

118

名 称	图 示	参 数
电容器 C₆		名称:电解电容器 容量:470μF
电感线圈 L₁	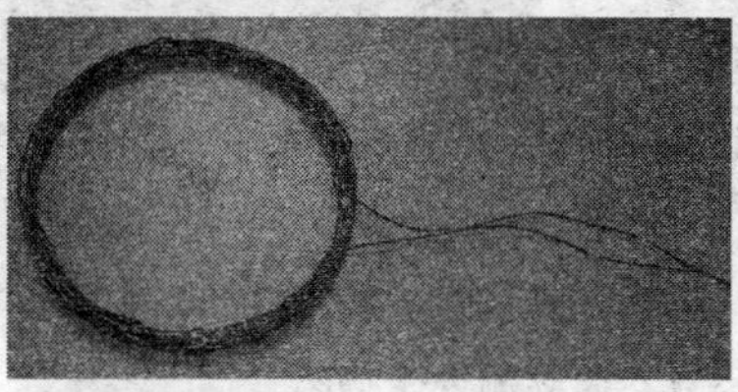	采用直径 0.51mm 的漆包线,在直径 100mm 左右的圆筒上缠绕 60 匝
电感线圈 L₂	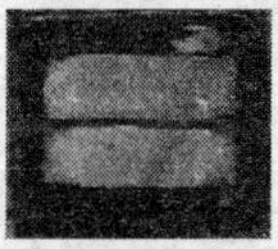 小型开关变压器 　　工字型磁芯电感	电感器 L₂ 可以选用任何一种封装形式和材 料的电感,电感量可在 2.5mH～15mH 之间 选取
二极管 VD₁ 二极管 VD₂		名称:开关二极管 型号:1N4148 测量方法:单向导电特性 检测工具:万用表电阻挡
集成电路 U₁		名称:施密特触发器 型号:40106
集成电路 U₂		名称:音频功率放大集成电路 型号:LM386
扬声器 SP		名称:扬声器 功率:不小于 0.1W 检测方法:使用万用表电阻挡进行通断测量 测量工具:万用表电阻挡

　　除了 U₁ 和 U₂ 外,所有器件都应在安装焊接前进行检测,以确保后续调试工作的顺利进行,制作完成的简易金属探测器如图 8-3 所示,也可根据电路原理图自行安排器件的位置和走线。

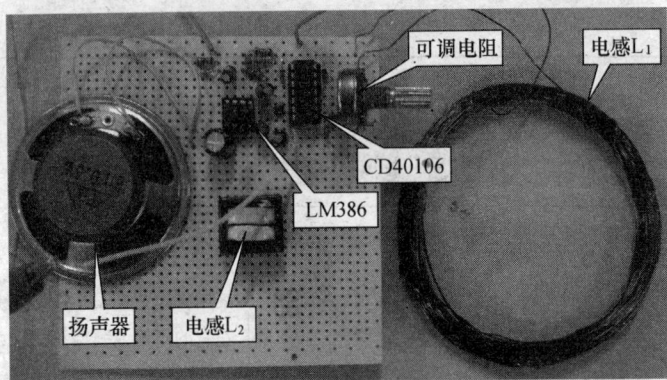

图 8 – 3　简易金属探测器实物图

2. 安检门金属检测仪的调试

确认安装无误后,即可接电调试。首先检查 U_1 和 U_2 电源供电引脚之间的电压是否正常,然后手拿金属起子的金属部位,碰触 LM386 的输入级 2 脚,此时,扬声器里应能发出"嗡……"的低沉声响,说明以 LM386 为核心的音频放大电路工作正常。

如果电路安装无误,那么通电后即可工作,可以使用示波器对两个振荡器进行检测。当检测固定音频振荡器的信号时,为了不受干扰,应事先把电容器 C_1 短路,其目的是迫使 U1A 和 U1B 停止工作,然后再将示波器探头连接到 U1E 的输出端,即 U_1 的 10 脚。如果测得信号频率偏高,可酌情增加电感线圈 L_1 的圈数,使得频率与所要求的中心频率接近,这里的中心频率为:141kHz。反之,如果频率偏低,应适当减少电感线圈 L_1 的圈数,以使振荡频率升高。如果该振荡器工作正常,就可以在示波器屏幕上观察到 U1F 和 U1E 组成振荡器输出的波形。波形如图 8 – 4 所示。图中可见,该信号的频率为 141.3kHz,说明本级振荡信号符合要求。U1A 和 U1B 组成的振荡器的调试也应采用同样方法,将电容器 C_2 短路(短路 C_2 等于关闭了 U1E 和 U1F 等器件组成的振荡电路),然后测量 U1B 的输出端,也即 U1 – 4 脚的波形。如出现图 8 – 5 所示的波形,从该图中的所反映出的参数来看,本级振荡输出信号的频率为 137.3kHz,与前一个振荡器的输出信号频率有一定的差距,此时调整可变电阻器 R_2,使两个振荡器的输出信号的频率相同。此时通过示波器观测测试点 J_3 时,示波器屏幕上只有一条平直的时基线。当有金属靠近空心线圈 L_1 时,如图 8 – 6 所示,

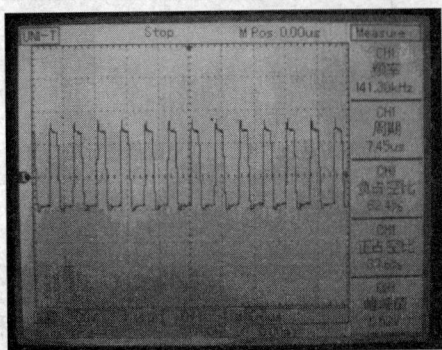

图 8 – 4　U1F 和 U1E 振荡器输出的波形

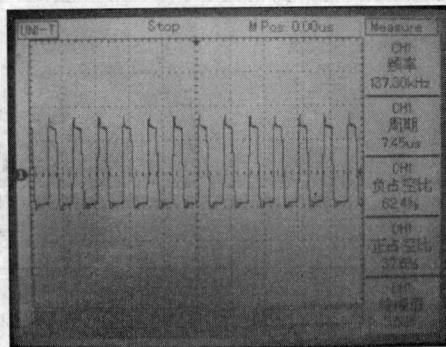

图 8 – 5　U1A 和 U1B 振荡器输出的波形

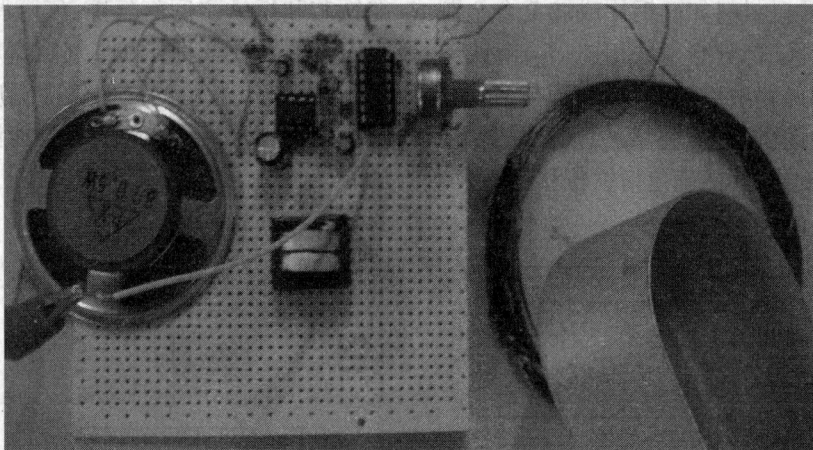

图 8 - 6 铝饭盒接近电感线圈的图片

在示波器上可以观察到如图 8 - 7 所示的波形。图 8 - 7(b)所示的波形,说明两个振荡器所差的信号频率较图 8 - 7(a)信号频率高。

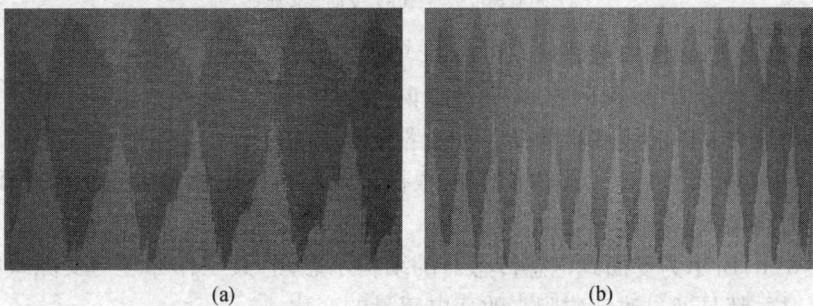

(a)   (b)

图 8 - 7 测试点 J_3 处的波形

如果电路安装正确,参数较为准确,不用示波器也可以进行调试,方法是:接通电源后,慢慢调整可变电阻 R_2,在扬声器 SP 里也会有几次发出变调的音频声。其中旋转时有一个位置声音较其他几处响,说明此处已接近工作频率点,此时再次调整可变电阻 R_2,使得音调逐步降低,最终发出声响的音频频率降至为 0Hz(无声状态)。

当有金属靠近空心线圈时,扬声器会立即有一个变调的音频声响发出。至此,简易金属检测仪调试结束。

知识链接 金属接近传感器的结构与工作原理

知识点 1 电感式传感器

电感式传感器利用电磁感应原理将被测非电量转换成线圈自感量或互感量的变化,进而由测量电路转换为电压或电流的变化量。依照传感原理,电感式传感器可分为自感式、互感式和电涡流式三种。按照传感器的结构又分为:变隙型和螺管型两种。

1. 变隙式电感式传感器

变隙式电感式传感器,如图 8 - 8(a)所示。它由线圈、铁芯和衔铁三部分组成。铁芯和衔铁由导磁材料如硅钢片或坡莫合金制成,在铁芯和衔铁之间有气隙,气隙厚度为 d,传感器的运动部分与衔铁相连。当衔铁受到外力 F_1 或 F_2 作用移动时,气隙宽度 d 发生改变,引起磁路中磁阻变化,从而导致电感线圈的电感值变化。当磁路气隙宽度 d 增大时,磁路中的磁阻 R_m 将增加;反之,磁隙 d 减小时,磁阻 R_m 减小。因此只要能测出这种电感量的变化,就能确定衔铁位移量的大小和方向。

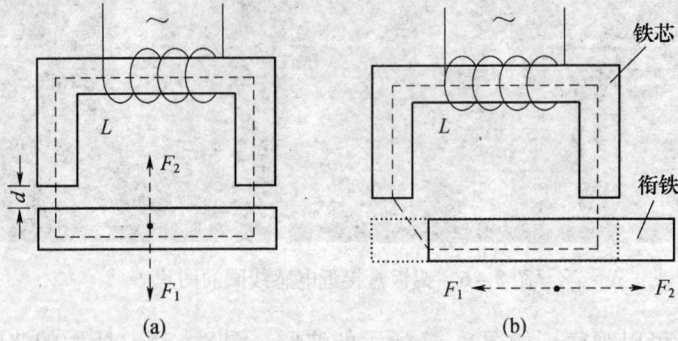

图 8-8 电感式传感器结构示意图

(a) 变隙式传感器;(b) 变面式传感器。

根据电感定义,线圈中电感量 L 可由下式确定:

$$L = W^2/R_m$$

式中:L 为电感量;W 为线圈匝数;R_m 为磁路的总磁阻。

可见当衔铁远离铁芯时,磁阻将增加,根据公式可得出电感量 L 也将因此而减小;反之,电感量 L 将增大。

图 8-8(b)所示为变面式电感传感器的结构示意图,其工作原理与变隙式电感传感原理基本一样,都是通过改变磁阻来改变电感量的变化。

2. 螺管式电感传感器

螺管式电感传感器也有单线圈和差动式两种结构。

单线圈式电感传感器的结构示意图如图 8-9 所示,由一个线圈和铁芯构成。当线圈中插入铁芯时,线圈的电感量增大;当铁芯抽出线圈时,线圈的电感量减小。通过检测电感量的大小可以间接地获知铁芯在线圈中的位置。

差动式电感传感器的结构示意图如图 8-10 所示,由两个线圈和一个铁芯构成。当线圈在拉线的作用下向左移动时(F_1 的方向),铁芯移入线圈 1 的部分增加,促使线圈 1 的电量增加,而线圈 2 的电感量则会因此减少。当铁芯向右移动时,线圈 2 的电感量增加,线圈 1 的电感量将减少。将线圈 1 和线圈 2 的信号送入电路处理后,即可得到铁芯位移量的大小数值。

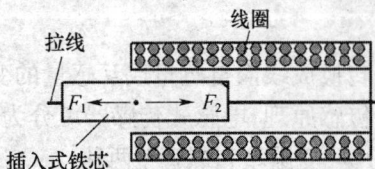

图 8-9 单线圈式电感传感器结构示意图　　图 8-10 差动式电感传感器结构示意图

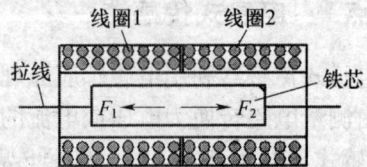

螺管式电感传感器特点如下。

① 结构简单,制造装配容易。

② 由于空气隙大,磁路的磁阻大,因此灵敏度较低,易受外部磁场干扰,但线性范围大。

③ 由于磁阻大,为了达到一定电感量,需要的线圈匝数多,因而线圈的分布电容大,同时线圈的铜损耗电阻也大,温度稳定性较差。

④ 插棒式差动电感传感器的铁芯通常比较细,通常用软磁性材料制成,在特殊情况下也用铁淦氧磁性材料,因此这种铁芯的损耗较大,线圈的 Q 值较低。

3. 电感式接近传感器

电感式接近传感器的结构如图 8 – 11 所示,由高频振荡、幅度检测、放大以及输出指示电路等组成。其工作原理是:振荡器产生的振荡信号在振荡线圈里以磁场的形式不停地变化,当金属物体接近传感器的振荡线圈时,在交变磁场的作用下,金属导体中将会产生涡流,而涡流的实质就是吸收了振荡器的能量,使振荡器的信号幅度减弱甚至停止振荡(图 8 – 12)。因此,电感式接近传感器中的振荡器有两种状态,即有振荡信号,或没有振荡信号两种状态。再通过振幅检测电路,将有、无振荡信号转换为二进制的开关信号,经功率放大后输出。

图 8 – 11 电感式接近开关工作原理示意图

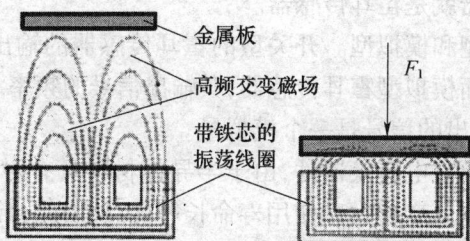

图 8 – 12 金属吸收交变磁场能量示意图

基于上述原理,目前已设计生产出多种类型的金属接近传感器,如陷波器、金属探伤仪以及金属接近开关等产品。图 8 – 13 列出了三种金属接近开关。

图 8 – 13 金属接近开关

当有金属靠近金属接近开关时,如图 8 – 14 所示,金属接近开关后面的 LED 灯被点亮;说明开关已经动作,如果该开关为常闭型,那么此时开关的触点将是断开状态;反之,如果输出是常开型的,LED 灯亮时,输出触点将闭合。在实际使用时可以根据实际情况灵活选择。

图 8 – 14　金属接近开关后部的指示灯

知识点 2　霍耳接近传感器

1. 霍耳传感原理

当一块通有电流的金属或半导体薄片垂直地放在磁场中时,薄片的两端就会产生电位差,这种现象称为霍耳效应。两端具有的电位差值称为霍耳电势 U。其表达式为

$$U = K \cdot I \cdot B/d$$

式中:K 为霍耳系数;I 为薄片中通过的电流;B 为外加磁场(洛伦兹力)的磁感应强度;d 是薄片的厚度。

由此可见,霍耳效应的灵敏度高低与外加磁场的磁感应强度成正比的关系。根据这个原理设计制作的传感器就是霍耳传感器。

霍耳传感器有开关型和模拟型。开关型的霍耳传感器的输出形式只有两种状态,即闭合状态和断开状态。而模拟型霍耳传感器,其输出信号的频率、幅度等信息将与外部磁场信号同步起伏,即其输出的信号是一个模拟量。

霍耳器件归属于有源磁电转换器件,由于半导体材料具有对磁场敏感、结构简单、体积小、频率响应宽、输出电压变化大和使用寿命长等优点,因此,常常作为霍耳效应的基础材料。

目前绝大多数霍耳器件是采用半导体材料制成的,开关型半导体霍耳器件的输出—输入特性曲线如图 8 – 15 所示。霍耳开关的输入端是以磁感应强度 B 来表征的,当 B 值达到一定的程度(如 B_H)时,霍耳开关内部的触发器翻转为低电平(U_L);当磁场强度减小至 B_L 时,霍耳器件又翻转为高电平(U_H)。

由于霍耳器件的输出端一般采用晶体管输出,且常常以 OC 的形式,因此,在使用时输出端常常外接一个电阻至 V_{cc}(图 8 – 16),使其在高电平时也能驱动后续电路。图

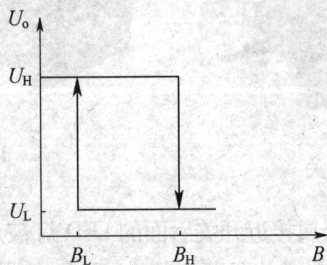

图 8 – 15　霍耳器件输入—输出转移曲线

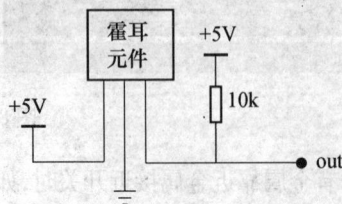

图 8 – 16　霍耳器件应用示意图

124

8－17为开关型霍耳器件的内部逻辑结构图,当有磁场接近3144时,如果极性相符且强度达到B_H数值时,霍耳器件3144的3脚将为低电平,即3脚对地导通。图8－18为常见的霍耳传感器件引脚图。

2. 霍耳IC(即集成电路)的使用注意事项

① 霍耳集成电路的使用电压范围较宽,但实用时电压宜低不宜高,一般在4.5V～6V为宜,过高的电源电压会引起电路的温升而使电路工作不稳定。

② 开关型霍耳IC驱动负载时,其负载电流应小于霍耳IC的负载能力。为了使霍耳的输出电压幅度大,一般其输出端加接较大阻值的负载电阻。

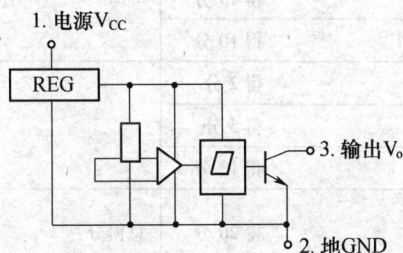

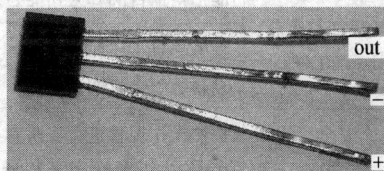

图8－17　3144霍耳器件内部结构　　　　图8－18　3144霍耳器件实物图

③ 如果霍耳器件驱动的负载能力为感性时,应在输出端与负载并接保护二极管。

④ 驱动与霍耳IC不同的电平的负载时最好加接隔离与缓冲级,可利用光电耦合器或加三极管驱动级。

⑤ 长距离传输霍耳IC信号时,可在开关输出与地之间加接一只退耦电容器,消除干扰脉冲;传送线性霍耳IC的输出信号应使用同轴电缆线,但最长不可大于几十米。

⑥ 大多数霍耳IC的磁感应距离为5mm～10mm,须在实用时加以控制,并安置的发信磁钢应与霍耳IC的感应点正对,减小磁路磁阻,使磁触发与输出信号同步准确。

⑦ 为了增强开关或线性霍耳IC的磁感应灵敏度,使用时亦可利用小磁钢增强磁偏置或加大发信磁钢的面积。

项目学习评价小结

1. 学生自我评价

(1) 填空题

① 电感传感器是利用( )原理,将被测非电量转换成线圈自感量或互感量的变化,进而由测量电路转换为电压或电流的变化量。

② 霍耳传感器有( )和模拟型。

(2) 简答题

① 简述螺管式电感传感器特点。

② 简述变隙式电感式传感器的工作原理。

2. 项目评价报告表

项目名称：							组别：		学生姓名：

项目实施于：	年	月	日	至	年	月	日		

项目过程评价		评分依据		得分
小组评价	学习态度 20分	按时参加，且无迟到早退现象（迟到一次扣1分）	得5分	
		积极参与项目制作与讨论	得5分	
		认真完成实验记录和作业者（未完成者，一次扣2分）	得10分	
	团队精神 40分	相互尊重，关心他人	得15分	
		能协助他人理解者	得15分	
		能提出整改意见（未被采纳者只得1分）	得10分	
	成绩与收获 20分	能说出项目的基本功能	得2分	
		理解项目工作原理	得5分	
		具备独立完成调试能力	得13分	
	安全意识 20分	按照操作规程进行实验者 （无论大小事故，均不得分）	得20分	总得分：
教师评语				
专家评语：			综合得分：		

126

附录 A   新型数字传感器简介

一、编码开关

编码开关是一种通过以某种方式的转换将手动调整轴上的机械几何位移量转换成脉冲或数字量的传感器。

目前市场上常见的编码器如图 A-1 所示,由于设计紧凑,加工精密,故而可靠性较高。常被用于各种数码化电器的调控,如计算机显示器的菜单调节、各种音视频器材的功能选择、一般家用电器、通信器材、无线电设备等。

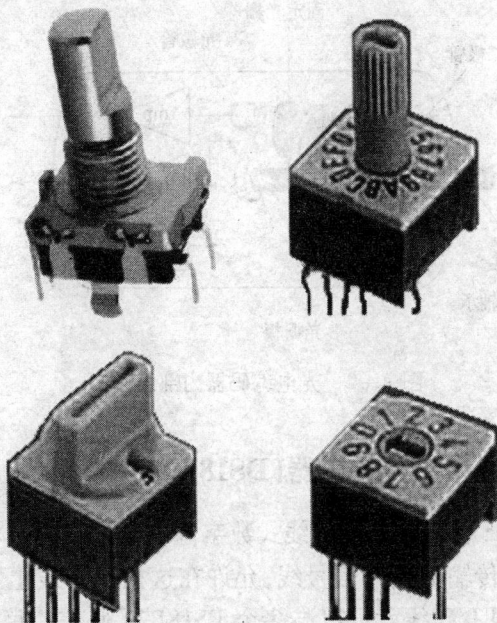

图 A-1   几种旋转编码器实物图

根据检测原理,编码器可分为触点式、光学式、磁式、感应式和电容式,根据其刻度方法及信号输出形式,可分为增量式、绝对式以及混合式三种。

① 增量式编码器。增量式编码器是直接利用光电转换原理输出三组方波脉冲 A、B 和 Z 相;A、B 两组脉冲相位差 90°,从而可方便地判断出旋转方向,而 Z 相为每转一个脉冲,用于基准点定位。它的优点是原理构造简单,机械平均寿命可在几万小时以上,抗干扰能力强,可靠性高,适合于长距离传输。其缺点是无法输出轴转动的绝对位置信息。

② 绝对式编码器。绝对式编码器是直接输出数字的传感器,在它的圆形码盘上沿径向有若干同心码盘,每条道上由透光和不透光的扇形区相间组成,相邻码道的扇区树木是

双倍关系,码盘上的码道数是它的二进制数码的位数,在码盘的一侧是光源,另一侧对应每一码道有一光敏元件,当码盘处于不同位置时,各光敏元件根据受光照与否转换出相应的电平信号,形成二进制数。这种编码器的特点是不要计数器,在转轴的任意位置都可读出一个固定的与位置相对应的数字码。目前国内已有 16 位的绝对编码器产品。

③ 混合式绝对编码器。混合式绝对编码器,它输出两组信息:一组信息用于检测磁极位置,带有绝对信息功能;另一组则完全同增量式编码器的输出信息。

下面将以光电式编码器为例,简要介绍编码器的工作原理。

光电编码器,是一种通过光电转换将输出轴上的机械几何位移量转换成脉冲或数字量的传感器,如图 A-2 所示。这是目前应用最多的传感器,光电编码器由光栅盘和光电检测装置组成。光栅盘是在一定直径的圆板上等分地开通若干个长方形孔。由于光栅码盘与旋转调整轴为连体同轴,当旋转轴转动时,内部的光栅盘也将同步旋转,经发光二极管等电子元件组成的检测装置检测输出若干脉冲信号,通过电路处理,光电编码器输出脉冲的个数就能反映当前旋转轴所在的位置、旋转方向以及转速等。

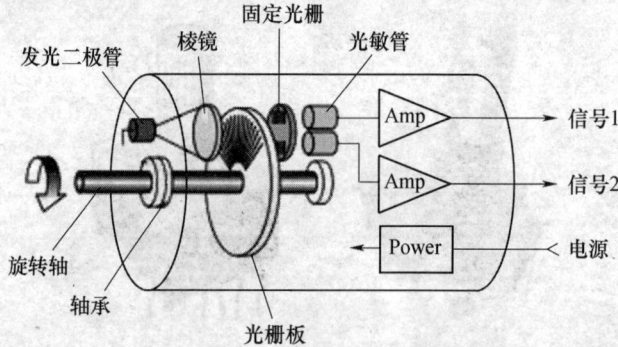

图 A-2 光电编码器内部结构图

二、半导体精密数字温度传感器(DS18B20)

DS18B20 是 DALLAS 公司生产的一线式数字温度传感器。它将地址线、数据线和控制线合为一根双向串行传输数据的信号线,允许在这根信号线上挂接多个 DS18B20;因此,单片机只需通过一根 I/O 线就可以与多个 DS18B20 通信。每个芯片内还有一个 64 位的 ROM,其中存有各个器件自身的序列号,作为器件独有的 ID 号码。DS18B20 简化了测量器件与计算机的接口电路,使得电路简单。

1. DS18B20 的特性

① 测温范围: $-55℃ \sim +125℃$,在 $-10℃ \sim +85℃$ 时精度为 $\pm 0.5℃$。

② 转换精度:9 位 ~ 12 位二进制数(包括符号 1 位),可编程确定转换精度的位数。

③ 测温分辨率:9 位精度为 $0.5℃$,10 位精度为 $0.25℃$,11 位精度为 $0.125℃$,12 位精度为 $0.0625℃$。

④ 转换时间:9 位精度为 93.75ms,10 位精度为 187.5ms,12 位精度为 750ms。

⑤ 具有非易失性上、下限报警设定的功能。

⑥ 适应电压范围:3.0V ~ 5.5V,在寄生电源方式下可有数据线供电。

2. DS18B20 引脚排列与功能

DS18B20 引脚图如图 A-3 所示,其引脚功能说明见表 A-1。

图 A-3　18B20 的封装与引脚说明图

表 A-1　DS18B20 引脚功能说明

引脚号	符号	功　能
1	V_{SS}	电源地
2	DQ	单线输入/输出[单总线]
3	V_{CC}	电源正,寄生时直接接地

3. DS18B20 的工作原理

由低温度系数晶振产生固定频率的脉冲信号送给计数器 1。低温度系数晶振产生固定频率的脉冲信号送给计数器 2(作为计数器 2 的信号输入)。计数器 1 和温度寄存器预置 -55℃所对应的基数值。计数器 1 对低温度系数晶振产生的脉冲信号进行减法计数。当计数器 1 的预置值减到 0 时,温度寄存器的值将加 1。计数器 1 的预置将重新被装入,计数器 1 重新开始对低温度系数晶振产生的脉冲信号进行计数,如此循环直到计数器 2 计数到 0 时,停止温度计数器值的累加,此时温度寄存器中的数值即为所测温过程中的非线性,其输出用于修正计数器 1 的预置值。

在 DS180B20 的内部在出厂时就已经固化好了一组数据,这组数据分为 4 个主要数据部件,通过光刻的方法,将 64 位数据固化在 ROM 中,这组数据也可以看作是该器件的地址序列码。64 位光刻 ROM 的排列是:开始 8 位(28)是产品类型标号,下面的 48 位是 DS18B20 自身的序列号,最后 8 位是前面 56 位的循环余校验码(CRC = $X^8 + X^5 + X^4 + 1$)。光刻 ROM 的作用是使每一个 DS18B20 都各不相同,这样就可以实现一根总线上挂接多个 DS18B20。具体分配见表 A-2。

表 A-2　64 位光刻 ROM 的分布表

序号	位	说　明
0	8	开始 8 位(28H)是产品类型标号
1	8	
2	8	
3	8	8×6 =48 位是 DS18B20 自身的序列号
4	8	
5	8	
6	8	
7	8	最后 8 位是前面 56 位的循环余校验码(CRC = $X^8 + X^5 + X^4 + 1$)

129

最后 8 位	48 位自身序列号	开始 8 位(28H)

DS18B20 的温度传感器可以完成对温度的测量,以 12 位转化为例:用 16 位符号扩展的二进制补码读数形式提供,以 0.0625℃/LSB 形式表达,其中 S 为符号位。

表 A-3 是 12 位转化后得到的 12 位数据,存储在 DS18B20 的两个 8 位 RAM 寄存器中。二进制中的面前 5 位是符号:如果测得的温度大于 0,这 5 位为 0,只要将测到的数值乘于 0.0625 即可得到实际温度;如果温度小于 0,这 5 位为 1,测到的数值需要取反加 1 再乘于 0.0625 即可得到实际温度。表 A-4 是 DS18B20 温度值与输出的二进制值对照表。

表 A-3　DS18B20 温度值格式表

高 8 位	15	14	13	12	11	10	9	8
	S	S	S	S	S	2^6	2^5	2^4
低 8 位	7	6	5	4	3	2	1	0
	2^3	2^2	2^1	2^0	2^{-1}	2^{-2}	2^{-3}	2^4

表 A-4　DS18B20 温度值与输出的二进制值对照表

温度值/℃	数字输出(二进制)	数字输出(十六进制)
+125	0000 0111 1101 0000	07D0H
+85	0000 0101 0101 0000	0550H
+25.0625	0000 0001 1001 0001	019H
+10.125	0000 0000 1010 0010	00A2H
+0.5	0000 0000 0000 1000	0008H
0	0000 0000 0000 0000	0000H
-0.5	1111 1111 1111 1000	FFF8H
-10.125	1111 1111 0101 1110	FF5EH
-25.0625	1111 1110 0110 1111	FF6FH
-55	1111 1100 1001 0000	FC90H

DS18B20 温度传感器的内部存储器包括一个高速暂存 RAM 和一个非易失性的可电擦除的 E^2PRAM,后者存放高温度和低温度触发器 TH、TL 及结构寄存器。

配置寄存器结构见表 A-5。

表 A-5　配置寄存器结构

TM	R1	R0	1	1	1	1	1

低 5 位一直都是 1,TM 是测试模式位,用于设置 DS18B20 在工作模式还是在测试模式。在 DS18B20 出厂时该位被设置为 0,用户不要去改动。R1 和 R0 用来设置分辨率,详细分配见表 A-6。

表 A-6 温度分辨率设置表

R_1	R_0	分辨率/位	温度最大转换时间/ms
0	0	9	93.75
0	1	10	187.5
1	0	11	375
1	1	12	750

DS18B20 高速缓存存储器由 9 个字节组成,其分配见表 A-7。温度转换命令发布后,经转换所得到的温度值以 2 个字节补码形式存放在高速存储器的第 0 个和第 1 个字节中。单片机可以通过单总线接口读到该数据,读取时低位在前,高位在后,数据格式见表 A-3。对应的温度计算方法为:当符号位 $S=0$ 时,直接将二进制位转换为十进制;当 $S=1$ 时,先将补码变为原码,再计算十进制值。

表 A-7 DS18B20 缓存存储器分布表

寄存器内容	字节地址	寄存器内容	字节地址
温度值低位(LS Byte)	0	保留	5
温度值高位(MS Byte)	1	保留	6
高温限值(TH)	2	保留	7
低温限值(TL)	3	CRC 校验值	8
配置寄存器	4		

DS18B20 的命令字节见表 A-8、表 A-9。

表 A-8 ROM 指令表

指令	指令值	功　能
读 ROM	33H	读出 DS18B20 温度传感器 ROM 中的编码(即 64 位地址内容)
匹配 ROM	55H	指令后面带 64 位编码发上单总线寻找与此编码对应的 DS18B20 器件。其作用为读/写此 DS18B20 器件作准备
搜索 ROM	0F0H	查找挂接在同一总线 DS18B20 器件的个数(用识别 64 位地址的方法)为操作各器件作准备
跳过 ROM	0CCH	忽略 64 位 ROM 地址,直接向 DS18B20 发出温度变换命令,适用于单片工作
警告搜索命令	0ECH	执行后只有温度超过设定值上限或下限的器件才作出响应

表 A-9　RAM 指令表

指令功能	指令	功　　能
温度变换	44H	启动 DS18B20 进行温度转换,12 位转换时最长为 750ms(9 位为 93.75ms)。结果存入内部 9 字节 RAM 中
度暂存器	0BEH	读内部 RAM 中 9 字节的内容
写暂存器	4EH	将上、下限温度数据写入 RAM 的第 3、4 字节中
复制暂存器	48H	将 RAM 中的第 3、4 字节的内容复制到 E^2PROM 中
重调 E^2PROM	0B8H	将 E^2PROM 中的内容恢复到 RAM 中的第 3、4 字节中
读供电方式	0B4H	读 DS18B20 的供电模式。寄生供电时,DS18B20 发送 0,外接电源供电时, DS18B20 发送 1

　　根据 DS18B20 的通信协议,主机控制 DS18B20 完成温度转换必须经过三个步骤:每一次读/写之前都要对 DS18B20 进行复位,复位成功后发送一条 ROM 指令,最后发送 RAM 指令,这样才能对 DS18B20 进行预定的操作。复位要求主 CPU 将数据线下拉 500μs,然后释放,DS18B20 收到信号后等待 16μs ~ 60μs,后发出 60μs ~ 240μs 的存放低脉冲,主 CPU 收到此信号表示复位成功。

　　表 A-10 展示了向 DS18B20 读取温度的操作步骤。

表 A-10　读取温度操作举例(假定采用外部供电仅有一个 DS18B20)

主机方式	指令值	说　　明
发送	CCH	跳过 ROM(Skip ROM)命令
发送	44H	转换温度(Convert T)命令
读取	(一个数据字节)	读"忙"标志 3 次,主机一个接一个连续读一个字节(或位),直至数据为 FFH(全部位为 1)为止
发送	Reset(复位)	复位脉冲
读回	Presence(存在)	存在脉冲
发送	CCH	跳过 ROM(Skip ROM)命令
发送	BEH	读取暂存存储器命令

（续）

主机方式	指令值	说　明
读取	（9 个数据字节）	读整个暂存存储器以及 CRC:主机现在重新计算从暂存存储器接收到的 8 个数据位的 CRC,并把 2 个 CRC 相比较,如果 CRC 相符,则数据有效。主机保存温度的数值,并把计数寄存器的单位温度计数寄存器的内容分别作为 COUNT_REMAIN 和 COUNT_PER_C 加以保存
发送	Reset(复位)	复位脉冲
读出	Presence(存在)	存在脉冲,操作完成
—	—	CPU 像数据手册中所述的那样计算温度,以得到较高的分辨率

4. DS18B20 使用中注意事项

DS18B20 虽然具有测温系统简单、测温精高、连接方便、占用口线少等优点,但在实际应用中也应注意以下几方面的问题。

通常情况下,较小的硬件开销是需要相对复杂的软件进行补偿,由于 DS18B20 与微处理器间采用串行数据传送,因此此对 DS18B20 进行读/写编程时,必须严格地保证读/写时序,否则将无法读取测温结果。在使用 PL/M、C 等高级语言进行系统程序设计时,对 DS18B20 操作部分最后采用汇编语言实现。

在 DS18B20 的有关资料中均未提及单总线上所挂 DS18B20 数量的问题,容易使人误认为可以挂任意多个 DS18B20,在实际应用中并非如此。当单总线上所挂 DS18B20 超过 8 个数量时,就需要解决微处理器的总线驱动问题,这一点在进行多点测温系统设计时要加以注意。连接 DS18B20 的总线电缆是有长度限制的。实验中,当采用普通信号电缆传输长度超过 50m 时,读取的测温数据将发送错误。当将总线电缆改为双绞线带屏蔽电缆时,正常通信距离可达 150m,当采用每米绞合次数更多的双绞线带屏蔽电缆时,正常通信距离进一步加长。这种情况主要是由总线分布电容使信号波形产生畸变造成的。因此,在用 DS18B20 进行长距离测温系统设计时要充分考虑总线分布电容和阻抗匹配的问题。

在 DS18B20 测温程序设计中,向 DS18B20 发出温度转换命令后,程序总要等待 DS18B20 的返回信号。一旦某个 DS18B20 接触不好或断线,当程序读该 DS18B20 时,将没有返回信号,程序进入死循环。针对这个问题,应在进行 DS18B20 硬件连接和软件设计时也要给予一定的重视。

另外,测温电缆线建议采用屏蔽 4 芯双绞线,其中一对线接地与信号线,另一组接 Vcc 和地线,屏蔽层在源端单点接地。

图 A-4 所示是一个单片机综合控制电路,其中不仅有 18B20 作为温度检测,还有录音、播放以及功能显示等功能。

133

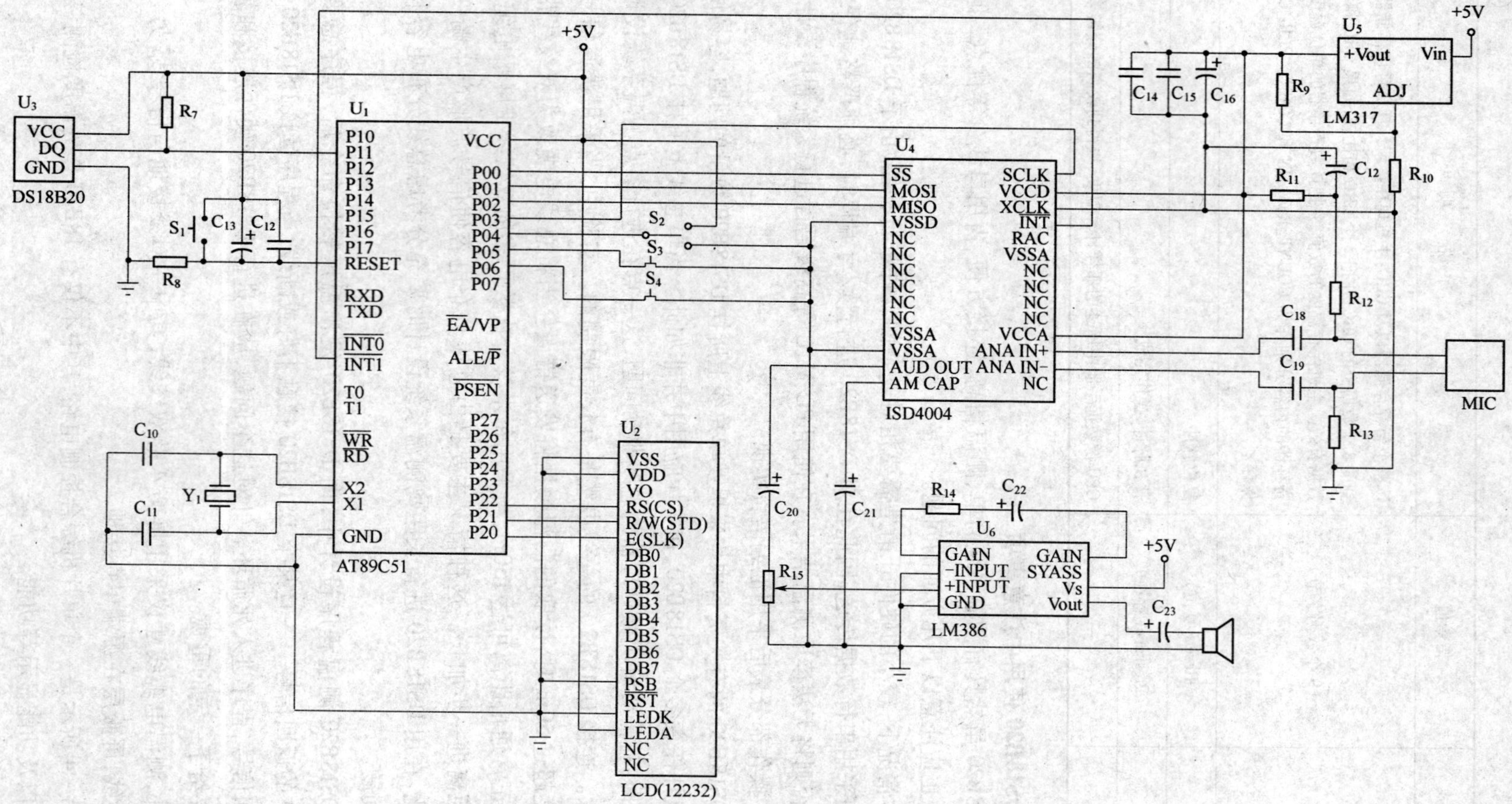

图 A-4　51 单片机与数字温度传感器等器件组成的综合控制电路图

134

附录 B　部分电子元器件的参数表

一、色环电阻的识别

1. 四色环(两位有效数字)色标法识别

其中前两位表示有效数位,第三位表示倍率,第四位表示允许偏差。例如:红、红、黄、银则表示 $22 \times 10^4 \Omega$,即 $220 k\Omega (220000\Omega)$,允许偏差 $\pm 10\%$。这样读数须要计算才能得出最后的结果,可以采用简便读法(见表 B-1),例如:还是上例中那只电阻,第三个色环是黄,即可以判定该电阻为几百几十千欧,头两条为红色。

四环电阻本体上色环的颜色所对应的数值见表 B-1。

表 B-1　四环电阻本体上色环的颜色所对应的数值

颜色	第一位有效数	第二位有效数	倍率	允许偏差	简便读法
黑	0	0	$\times 10^0$		几十几欧
棕	1	1	$\times 10^1$		几百几十欧
红	2	2	$\times 10^2$		几点几千欧
橙	3	3	$\times 10^3$		几十几千欧
黄	4	4	$\times 10^4$		几百几十千欧
绿	5	5	$\times 10^5$		几点几兆欧
蓝	6	6	$\times 10^6$		几十几兆欧
紫	7	7	$\times 10^7$		
灰	8	8	$\times 10^8$		
白	9	9	$\times 10^9$	$+50\%$ -20%	
金			$\times 10^{-1}$	$\pm 5\%$	几点几欧
银			$\times 10^{-2}$	$\pm 10\%$	零点几欧
无色				$\pm 20\%$	

2. 五色环(三位两效数字)色标法识别

五色环电阻标识法(三位有效数字),相比四色环多了一位有效数字,即第三条色环表示第三位有效数字,表示倍率的色环则自然移到第四色环,读数方法和四色环读数类似,既可以用直接计算的方法,也可以用速度更快的简便读法,稍须注意的是现在是第四条色环表示倍率,简便读法依据第四条色环来选择。具体见表 B-2。

表 B-2　五色环电阻标识法

颜色	第一位有效数	第二位有效数	第三位有效数	倍率	允许偏差	简便读法
黑	0	0	0	$\times 10^0$		几百几十几欧
棕	1	1	1	$\times 10^1$	±1%	几点几几千欧
红	2	2	2	$\times 10^2$	±2%	几十几点几千欧
橙	3	3	3	$\times 10^3$		几百几十几千欧
黄	4	4	4	$\times 10^4$		几点几几兆欧
绿	5	5	5	$\times 10^5$	±0.5%	几十几点几兆欧
蓝	6	6	6	$\times 10^6$	±0.25%	
紫	7	7	7	$\times 10^7$	±0.1%	
灰	8	8	8	$\times 10^8$		
白	9	9	9	$\times 10^9$		
金				$\times 10^{-1}$		几十几点几欧
银				$\times 10^{-2}$		几点几几欧

二、常用电子元器件参数表

表 B-3、表 B-4 及表 B-5 列出了部分常用三极管的参数,根据实践经验,同一个型号的三极管,国内生产与国外生产的产品,其引脚会有不同,在使用时应多加注意。

表 B-3　常用中小功率三极管参数表

晶体管型号	反压 V_{be0}/V	电流 I_{cm}/mA	功率 P_{cm}/mW	放大系数	特征频率/MHz	管子类型
3DG6	30	20	100	80	100	NPN
2DG201						
3DG12	60	300	700	-80	200	NPN
3DG80	20	30	200	100	600	NPN
3DK4	50	300	700	80	100	NPN
9011	50	30	400	150	350	NPN
9012	40	500	650	100	100	PNP
9013	40	500	650	100	100	NPN
9014	50	100	450	200	250	NPN
9015	50	100	450	150	150	PNP
9016	30	25	400	150	600	NPN
9018	30	50	400	150	1100	NPN

（续）

晶体管型号	反压 V_{be0}/V	电流 I_{cm}/mA	功率 P_{cm}/mW	放大系数	特征频率/MHz	管子类型
8050	40	1500	1000	150	200	NPN
8550	40	1500	1000	150	200	PNP
2SC900	30	30	250	—	100	NPN
2SC1008	80	700	800	—	50	NPN
2SC1162	35	1500	10000	—	180	NPN
2SC1222	60	100	250	—	100	NPN
2SD882	30	3000	125000		100	NPN

表 B-4　部分 SOT-23 封装贴片三极管的型号与标识对照表

型号	代码	型号	代码
9011	1T	BC817-40	6C
9012	2T	BC846A	1A
9013	J3	BC846B	1B
9014	J6	BC847A	1E
9015	M6	BC847B	1F
9016	Y6	BC847C	1G
9018	J8	BC848A	1J
S8050	J3Y	BC848B	1K
S8550	2TY	BC848C	1L
8050	Y1	BC856A	3A
8550	Y2	BC856B	3B
2SA1015	BA	BC857A	3E
2SC1815	HF	BC857B	3F
2SC945	CR	BC858A	3J
MMBT3904	1AM	BC858B	3K
MMBT3906	2A	BC858C	3L
MMBT2222	1P	2SA733	CS
MMBT5401	2L	UN2111	V1
MMBT5551	G1	UN2112	V2
MMBTA42	1D	UN2113	V3
MMBTA92	2D	UN2211	V4
BC807-16	5A	UN2212	V5
BC807-25	5B	UN2213	V6
BC807-40	5C	2SC3356	R23
BC817-16	6A	2SC3838	AD
BC817-25	6B	2N7002	702

表 B-5　部分发射功率三极管参数表

元件型号	输出功率/W	平均增益/dB	工作电压/V	工作频率/MHz	工作状态	外形封装	备注
2N3375	10	5	28	400	FM/AM/SSB	TO-60	
2N3553	2.5	10	28	175	FM/AM	TO-39	
2N3632	20	7	28	175	FM	TO-60	
2N3866	5	10	28	400	FM/AM	TO-39	
2N3924	4	6	13.6	175	WINTransceiver	TO-39	
2N4427	2	10	12	175	WINTransceiver	TO-39	
2N5108	1	5	24	1200	WINTransceiver	TO-39	
2N5109	3.5	11	15	200	WINTransceiver	TO-39	
2N5421	3	9	13.5	175	WINTransceiver	TO-39	
2N5913	2	7	12.5	175	WINTransceiver	TO-39	
2N5943	1	8	15	400	FM	TO-39	
2SC730	0.8	10	13.5	175	FM	TO-39	
2SC1096	10		13.5	60	FM	TO-220	
2SC1173	10		12	100	FM/AM/SSB	TO-220	
2SC1176	7		13.5	175			
2SC1177	16		13.5				
2SC1178	26		13.5				
2SC1190	16		12	175			
2SC1191	27		12	175			
2SC1192	37		12	175			
2SC1196	3		15	470			
2SC1197	9		15	470			
2SC118	20		12	470			
2SC1206	10		12	470			
2SC1909	10	14.5	13.5	50	FM/AM/SSB	TO-220	
2SC1944	13	11.1	12	30	WINTransceiver	TO-220	
2SC1945	16	14.5	12	30	FM/AM/SSB	TO-220	
2SC1946	25	6.7	13.5	175	FM	T-31E	
2SC1947	3	10	13.5	175	FM	TO-39	
2SC1966	3	7.8	13.5	470	FM	T-31E	
2SC1967	7	6.7	13.5	470	FM	T-31E	
2SC1968	14	3.7	13.5	470	FM	T-31E	
2SC1969	18	12	12	30	FM/AM/SSB	TO-220	
2SC1970	1.5	10	13.5	175	WINTransceiver	TO-220	

元件型号	输出 功率/W	平均 增益/dB	工作 电压/V	工作 频率/MHz	工作状态	外形封装	备注
2SC1971	7	10	13.5	175	WINTransceiver	TO－220	
2SC1972	14	10	13.5	175	WINTransceiver	TO－220	
2SC1973	1	10	13.5	50	WINTransceiver	TO－92L	
2SC1974	13	10	13.5	30	WINTransceiver	TO－220	
2SC1975	4	10	13.5	30	WINTransceiver	TO－220	
2SC1976	0.6	10	12	175	VHF	TO－92	
2SC1977		10	12	175	VHF	TO－126	
2SC1978		10	12	175	VHF	TO－220	
2SC2050	10	12	13.5	30	FM/AM/SSB	TO－220	
2SC2053	0.2	15.7	12	175	FM/AM	TO－92L	
2SC2055	0.25	15.3	9	175	FM/AM	TO－92L	
2SC2056	2	9dB	9	175	FM	TO－39	
2SC2075	4	6.7	13.5	27	WINTransceiver	TO－220	
2SC2078	4	13	12	100	FM/AM	TO－220	
2SC2091	1.8		15	27	WINTransceiver	TO－126	
2SC2092	5	13	15	27	WINTransceiver	TO－220	
2SC2094	15	8.8	13.5	175	FM/AM/SSB	T－31E	
2SC2098	15	19	15	27	AM	TO－220	
2SC2118	6		12	175	VHF	TO－37	
2SC2166	6	13.8	12	30	FM/AM/SSB	TO－220	
2SC2173	28		12	470			
2SC2207	14		15	27	WINTransceiver	TO－220	
2SC2251	1.8		12	900			
2SC2252	4.5		12	900			
2SC2253	9		12	900			
2SC2254	12		12	900			
2SC2255	22		12	900			
2SC2237	6	13.8	13.5	175	FM	T－31E	
2SC2509	13W	14	13.5	30	WINTransceiver	TO－220	
2SC2510	150	14	13.5	30	AM	TO－220	
2SC2538	0.6	10	12	175	FM/AM	TO－92L	
2SC2558	1.5		12	860		－	
2SC2559	5		12	860		－	
2SC2560	11		12	860		－	
2SC2595	0.5		12	840			

元件型号	输出功率/W	平均增益/dB	工作电压/V	工作频率/MHz	工作状态	外形封装	备注
2SC2596	3.5		12	840			
2SC2597	9		12	840			
2SC2627	6		12	175			
2SC2628	18		12	175			
2SC2629	34		12	175			
2SC2630	60		12	175			
2SC2638	6		12	175			
2SC2639	15		12	175			
2SC2640	28		12	175			
2SC2641	6		12	470			
2SC2642	12		12	470			
2SC2643	25		12	470			
2SC3001	6	13	7.2	175	FM	T-31E	
2SC3017	1	11	13.5	175	FM	TO-39	
2SC3020	3	10	12.5	520	FM	T-31E	
2SC3021	7	7.7	12.5	520	FM	T-31E	
2SC3022	18	4.8	12.5	520	FM	T-31E	
2SC3104	6	4.8	7.2	520	FM	T-31E	
2SC3133	15	14	12	30	FM/AM/SSB	TO-220	
MRF141	150	13	28	150	SSB	陶瓷高频管	
MRF150	150	8	50	150	SSB	陶瓷高频管	N沟道增强型
MRF151	150	13	50	175	SSB	陶瓷高频管	N沟道增强型
MRF153	300	14	50	150	SSB	陶瓷高频管	N沟道增强型
MRF154	600	17	50	100	SSB	陶瓷高频管	N沟道增强型
MRF161	5	13.5	12.5	500	FM/AM	TO-220	
MRF260	5	10	12.5	174	FM	TO-220	
MRF261	10	5.2	12.5	174	FM	TO-220	
MRF262	14	7.5	12.5	174	FM	TO-220	
MRF454	80	12	12.5	30	FM/AM/SSB		
MRF455	60	13	12.5	30	FM/AM/SSB		
MRF475	12	10	13.5	30	FM/AM/SSB	TO-220	
MRF476	3	15	13.5	30	FM/AM/SSB	TO-220	
MRF477	40	15	13.5	30	FM/AM/SSB	TO-220	
MRF479	15	10	13.5	30	FM/AM/SSB	TO-220	
MRF485	15	10	28	30	WINTransceiver	TO-220	
MRF486	40	15	28	30	WINTransceiver	TO-220	
MRF496	40	15	13.5	30	WINTransceiver	TO-220	

附录 C 几种常用的控制芯片及应用电路

一、555/556 时基电路基本知识

时基集成电路 555/556 是一种将模拟功能和逻辑功能巧妙地结合在同一硅片上的线性集成电路,它是数字电路和模拟电路相结合的电路,能够产生时间延迟和多种脉冲信号。555/556 时基电路具有线路简单、功能灵活和调节方便等优点。

1. 时基电路类型及同类产品

555/556 时基电路具有非常灵活的使用方法和极其通用的电路功能。555 集成电路在定时方面应用极为广泛,它可以在最基本的典型应用方式的基础上,根据实际需要,经过参数的重新配置和电路的重新组合,与外接元器件组成各种不同用途的电路,如各种波形的脉冲震荡器、定时延时电路、双稳态触发电路、检测电路、电源变换电路、频率变换电路等。

(1) 时基电路特点

555 电路是 555 时基集成电路或 555 定时集成电路的简称,主要具有如下特点。

① 定时精度、工作速度和可靠性高。

② 使用的电源电压范围宽,为 2V ~ 18V,能和其他数字电路直接连接。

③ 有一定的输出功率,可驱动微电机、指示灯、扬声器、继电器等。

④ 结构简单,使用灵活,用途广泛,可由它组成各种波形的脉冲振荡器及定时延时器等电路。

(2) 时基电路类型

常用的时基集成电路有 NE555、NE556 和 NE558 三种,555/556/558 时基电路有双极型(TTL)和互补金属氧化物半导体型(CMOS)集成电路两大类。其中:555 为单时基电路,556 为双时基电路,它的内部含有与 555 完全相同的两个独立系统,仅公用电源和地线,而 NE558 为四个独立的 555 单元,为实际应用提供了更多的便利。具体如下:

2. TTL 的 555/556/558 的内部结构与电路

(1) NE555 内部电路与逻辑功能

TTL 的 555 电路内部由二十几个晶体三极管和二极管、十几个电阻器等元器件构成,其内电路图如图 C - 1 所示。大致可以分为分压器、比较器、R - S 触发器、输出级及放电电子开关五部分,其内电路方框如图 C - 2 所示。引脚功能如图 C - 3 所示。

由于 CMOS 型 555 集成电路具有极高的输入阻抗,因此,它的 3 个分压电阻不是 5kΩ 而是 10kΩ 或更高。

图 C - 4 为三五电路的应用电路,这个电路可以制成振荡器,也可以制成延时器,作为振荡器时,其振荡频率为

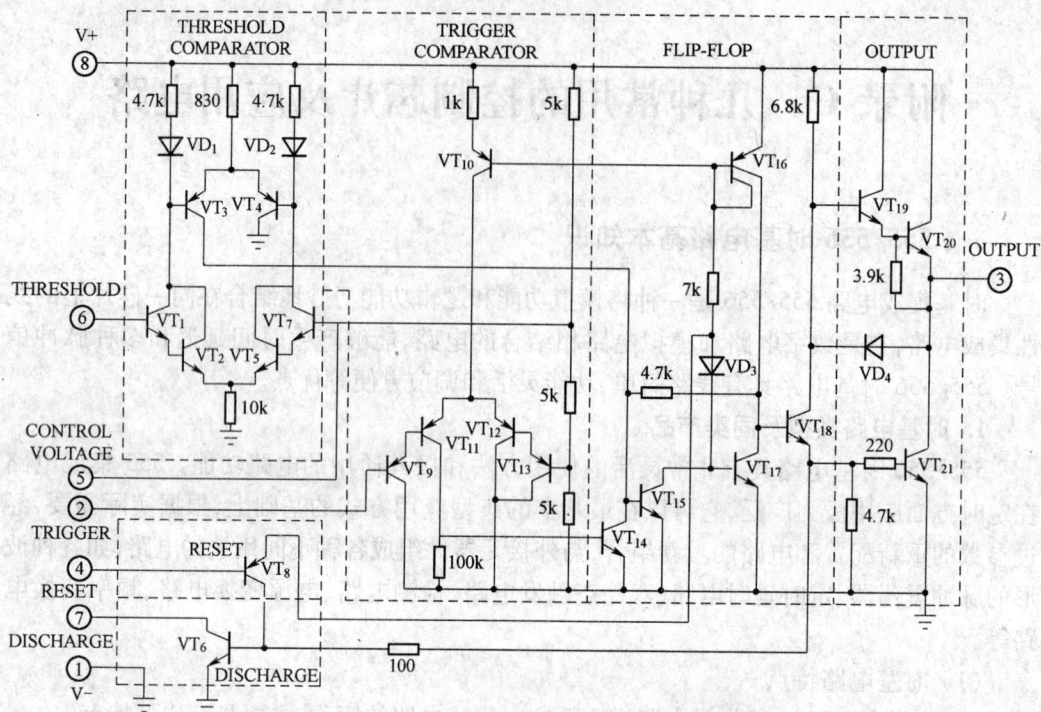

图 C-1　NE555 时基电路的内部电路图

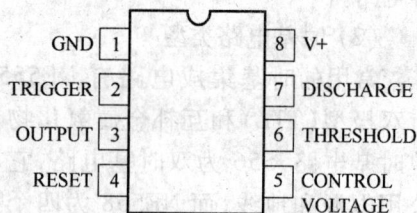

引脚说明：①—地；②—触发；③—输出；④—复位；⑤—控制；⑥—门限；⑦—放电；⑧—电源正极。

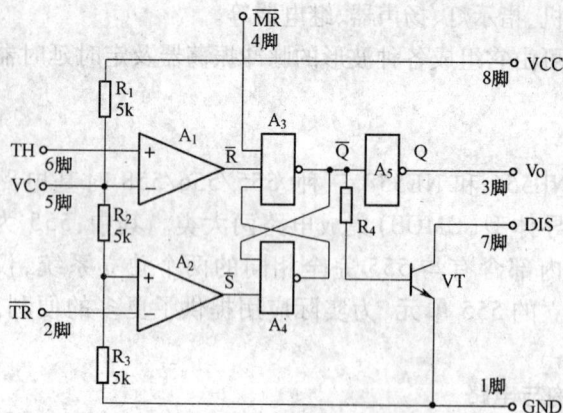

图 C-2　NE555 内部逻辑图　　　　　图 C-3　NE555 引脚图

$$f = 1.44/(R_1 + 2R_2)C_{\mathrm{T}}$$

由上述公式可知,影响 NE555 振荡频率的因素是电阻 R_1、R_2 和电容 C_{T},因此,只要这三个元件参数稳定了,频率也就稳定了。其中电阻值和电容器参数的稳定性容易受到外界温度影响。所以,在选用电子元器件时,针对这样的部位,应考虑使用一些温度稳定较高的器件,以确保振荡输出信号频率的稳定。

142

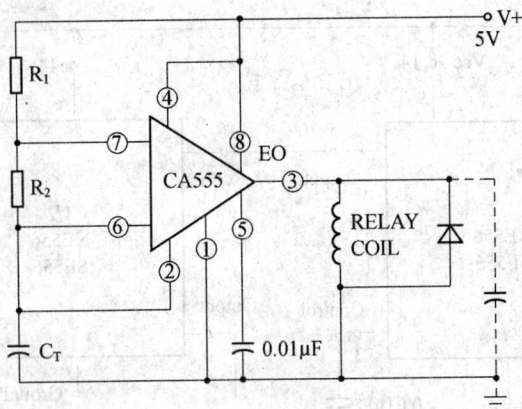

图 C-4　NE555 典型的应用电路

该电路的振荡周期可由下列公式计算获得：

$$T = 0.693(R_1 + 2R_2)C_T = t_1 + t_2$$
$$t_1 = 0.693(R_1 + R_2)C_T$$
$$t_2 = 0.693(R_2)C_T$$

（2）NE556 的引脚与应用说明

NE556 是个双三五电路，其引脚说明如图 C-5 所示，典型的应用电路如图 C-6 所示。

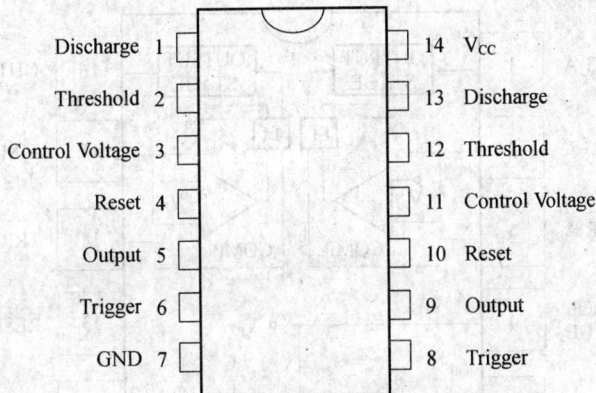

图 C-5　NE556 引脚图

由图可知，第一个时基单元组成了延时电路。

其延时时间为

$$T = 1.1R_t \cdot C_1$$

第二个时基单元组成了一个振荡器，振荡频率为

$$f = \frac{1.44}{(R_A + 2R_B)C}$$

（3）四时基电路 NE558

NE558 四时基集成电路具有比 555 或 556 更广泛的应用范围，因为 NE558 实现了四

143

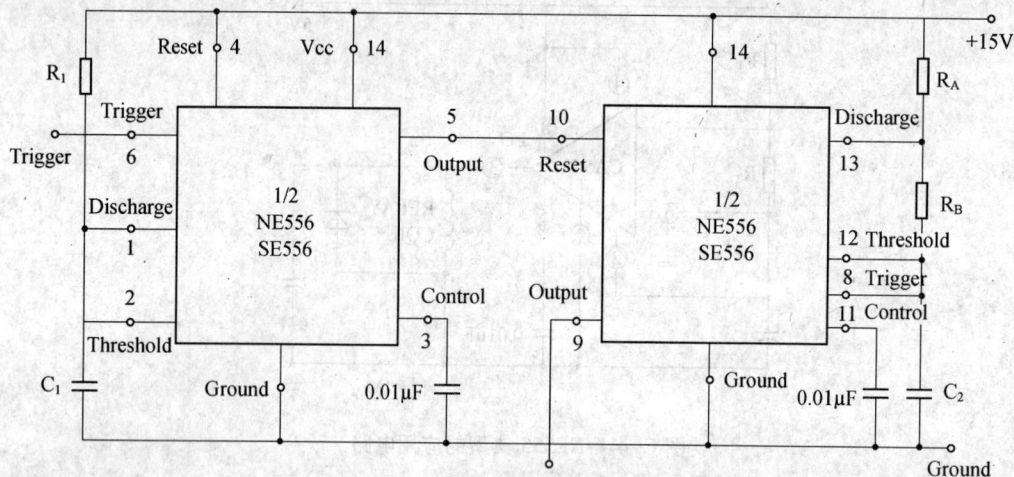

图 C-6 NE556 的典型应用电路图

组 555 单稳态时基电路集成化,这就使许多的电路设计变得更为方便灵活。

NE558 为双极型四时基集成电路,工作电压范围为 4.5V ~ 18V,其中一个时基集成电路的内电路方框图、功能与引脚分布如图 C-7 所示,由其组成的单稳态延时时间可由以下公式计算得到:

$$T = 1.1 \times R_1 \times C_1$$

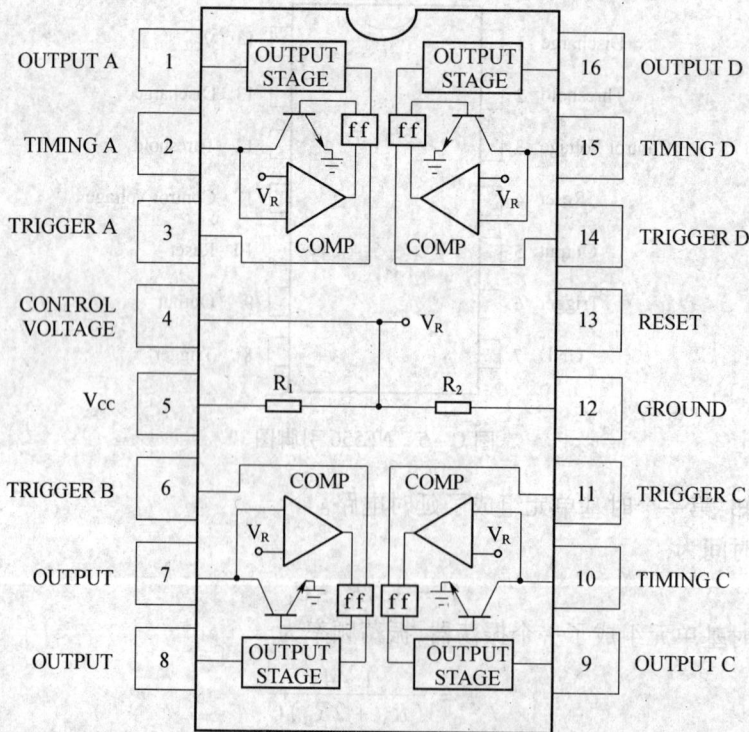

图 C-7 NE558 四时基集成电路中一个时基集成电路的内电路方框图

144

NE558 的各个部分如串接起来,可产生比单个 555 或 556 长许多倍的延时时间,也可利用连接进行分段延时。NE558 可组成两组独立的无稳态多谐振荡器。

必须说明的是:由于 NE558 中 4 个单稳态时基电路输出内部为 OC 门形式,故外电路一般应连接上拉电阻 R_2;同时也不能将其⑤脚、⑫脚电位、电源正负极性接反;触发输入端和总复位应通过上拉电阻接电源正极抗干扰;控制电压端与地之间一般接入一只 $0.01\mu F \sim 0.1\mu F$ 的电容。

由于 CMOS 型 7555/7556 电路内部结构与 TTL 型的 555/556 不同,故在选用时应根据具体需要选用。

① 在负载轻、要求功耗低和定时时间长的场合,选用 CMOS 型的 7555/7556 时基集成电路比较合适。

② 若需要用 555/556 时基集成电路直接来驱动继电器、扬声器、微电机、指示灯等时,则选用 TTL 型的 555/556 时基集成电路比较合适。

3. 555 时基电路的同类产品

由于 555/556 电路的实用性,各电子器件的主要生产厂家相继生产了各自的 555/556 产品。总体上可分为两大类:TTL 双极型产品和 CMOS 单极型产品。

(1) 双极型产品

双极型产品单时基电路的最后三位均为 555;双时基电路的最后三位均为 556。而且,它们的功能和外引脚排列完全一致。

双极型单时基电路常见型号有 NE555、CB555、SG555、SE555、CA555、LM555、FX555、FD555、μA555、LH555、YF555、ICM555、5G1555 等,它们之间均可以直接互换。

双极型双时基电路常见型号有 NE556、CB556、SG556、SE556、CA556、LM556、FX556、FD556、μA556、5G1556 等,它们之间均可以直接互换。

(2) CMOS 型产品

CMOS 型产品的单时基电路的最后 4 位均为 7555;双时基电路的最后 4 位均为 7556,而且,它们的功能和外引脚排列完全一致。

CMOS 型单时基电路常见型号有 5G7555、ICM7555、μA7555、LM7555、LH7555、μPD7555、CH7555、CB7555 等,它们之间均可以直接互换。

CMOS 型双时基电路常见型号有 5G7556、ICM7556、μA7556、LM7556、LH7556、NE7556、YF7556、HA7556、μPC7556、CH7556、CB7556、μPD7556 等,它们之间均可以直接互换。

4. 时基电路引脚功能

555(7555)单时基集成电路各引脚功能见表 C－1;556(7556)双时基集成电路各引脚功能见表 C－2;558 四时基集成电路各引脚功能见表 C－3。

表 C－1　555(7555)单时基集成电路引脚功能

引脚	代号	功能说明	引脚	代号	功能说明
①	V_{SS}	接地端	⑤	V_C	控制电压端
②	$\overline{TR}$	低触发控制输入端	⑥	TH	高触发端
③	V_O	输出端	⑦	TH	放电开关端
④	$\overline{MR}$	双稳态触发器复位端	⑧	V_{CC}	工作电源电压输入端

145

表 C-2　556（7556）双时基集成电路引脚功能

引脚	代号	功 能 说 明	引脚	代号	功 能 说 明
①	DIS1	时基电路 1 放电开关端	⑧	$\overline{TR2}$	时基电路 2 低触发控制输入端
②	TH1	时基电路 1 高触发端	⑨	VD₂	时基电路 2 输出端
③	VC₁	时基电路 1 控制电压端	⑩	$\overline{MR_2}$	时基电路 2 复位端
④	$\overline{MR1}$	触发器 1 复位端	⑪	VC₂	时基电路 2 控制电压端
⑤	VD₁	时基电路 1 输出端	⑫	TH₂	时基电路 2 高触发端
⑥	$\overline{TR1}$	时基电路 1 低触发控制输入端	⑬	DIS₂	时基电路 2 放电开关端
⑦	Vss	接地线段	⑭	Vcc	工作电源电压输入端

表 C-3　558 四时基集成电路引脚功能

引脚	功 能 说 明	引脚	功 能 说 明
①	A 单稳态电路信号输出端	⑨	C 单稳态电路信号输出端
②	A 单稳态电路阈值端	⑩	C 单稳态电路阈值端
③	A 单稳态电路触发信号输出端	⑪	C 单稳态电路触发信号输出端
④	四单稳态电路控制电压端	⑫	负工作电源电压输入端
⑤	正工作电源电压输入端	⑬	四单稳态电路总复位端
⑥	B 单稳态电路触发信号输出端	⑭	D 单稳态电路触发信号输出端
⑦	B 单稳态电路阈值端	⑮	D 单稳态电路阈值端
⑧	B 单稳态电路信号输出端	⑯	D 单稳态电路信号输出端

必须说明的是：双极性和 CMOS 型 555/556 电路的内部电路和结构虽然不同，但它们的引脚编号和逻辑功能是完全相同的。

5. 时基电路的主要参数

为了正确使用 555/556 时基电路，必须了解它的基本特性。从上面介绍的双极性和 CMOS 型时基电路的结构来看，两者的电特性是有一定区别的。除了双时基电路静态电流是单时基电路静态电流的一倍之外，它们的其余参数基本上是一样的。

（1）电源电压

XX555 时基电路使用的电源电压在 4.5V～16V 范围内，XX7555 时基电路使用的电源电压范围较宽，可以在 3V～18.5V 范围内选择。

（2）静态电流

静态电流也称为工作电源电压，是指空载时集成块消耗的电流。当在时基集成块电源引脚上接上 15V 电压时：

① XX555 时基电路的静态电流典型值约为 10mA。

② XX7555 时基电路的静态电流典型值约为 0.12mA。

二、常见的控制专用集成电路

1. 红外光脉冲接收集成电路

集成电路 CX20106A 是一款红外线检波接收的专用芯片,常用于电视机红外遥控接收器。内部逻辑功能图如图 C-8 所示。

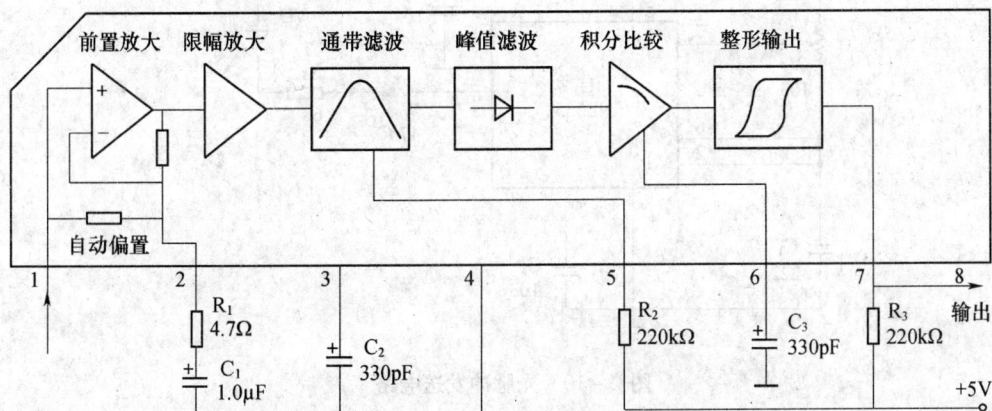

图 C-8　CX20106A 集成电路的内部逻辑功能图

外来信号由 CX20106 的①脚进入,CX20106 的总放大增益约为 80dB,其⑦脚输出的控制脉冲序列信号幅度在 3.5V～5V 范围内。总增益大小由②脚外接的 R_1、C_1 决定,R_1 越小或 C_1 越大,增益越高。但取值过大时将造成频率响应变差,C_1 为 $1\mu F$。采用峰值检波方式检波电容 C_2 为 $3.3\mu F$。R_2 为带通滤波器中心频率 f_0 的外部电阻。积分电容 C_3 取 330pF。经 CX20106 处理后的脉冲信号由⑦脚输出给后续电路进行处理。

在实际中,也常将 CX20106A 芯片用于制作超声波检测接收电路(图 C-9)。实验证明用 CX20106A 接受超声波(无信号时输出高电平),具有很高的灵敏度和较强的抗干扰能力。适当更改电容 C_9 的大小,可以改变接收电路的灵敏度和抗干扰能力。

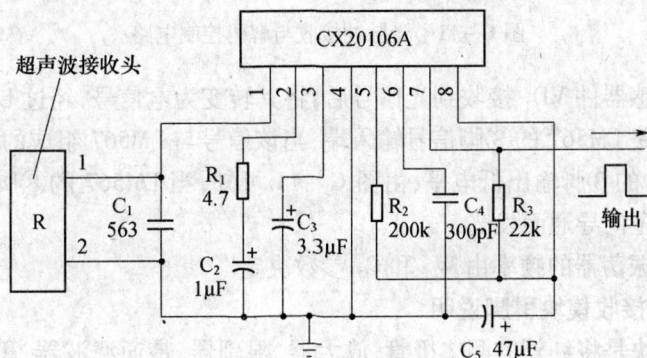

图 C-9　超声波信号接收处理电路

2. 光控电路

图 C－10 和图 C－11 所示,分别为光脉冲发送电路和光脉冲接收、解调与控制电路。光脉冲发送电路是以 NE555 为核心的时基振荡电路,产生的信号由③脚输出后直接驱动 LED 发光二极管向外发出光脉冲。

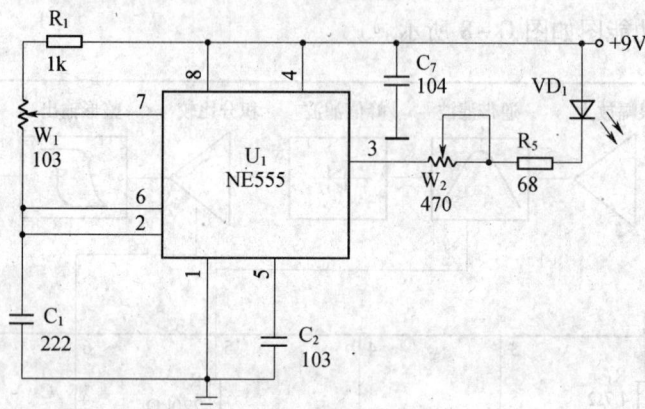

图 C－10 光脉冲发送电路

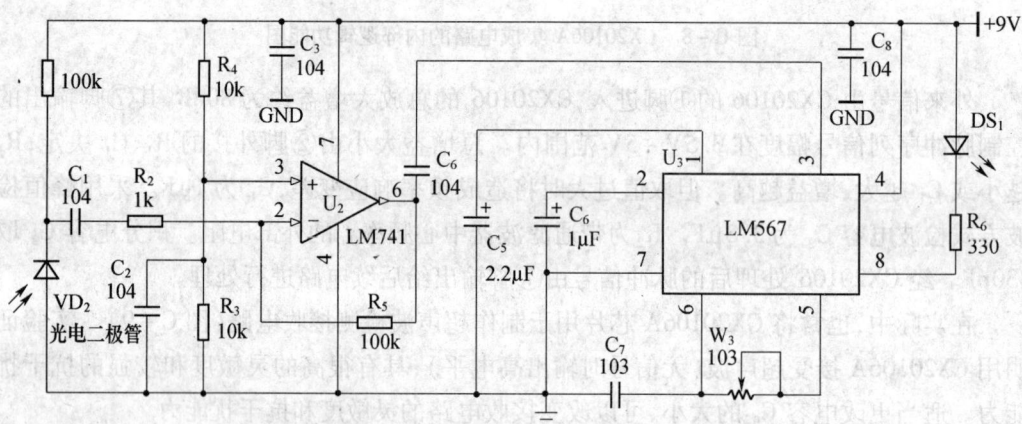

图 C－11 光脉冲接收与解码控制电路

当光接收敏感器件 VD₁ 接收到光信号后,将其转变为电信号,经过 LM741 放大,又送给锁相环集成电路 LM567 的③脚信号输入端,当该信号与 LM567 组成的内部振荡器的频率一致时,LM567 的⑧脚输出低电平,由图 C－11 可知,当 LM567 的⑧脚位低电平时,发光二极管因处于正向导通而发光。

LM567 内部振荡器的频率由 W_3 和 C_7 参数决定。

3. 常用红外接收模块引脚说明

红外接收模块是将红外监测二极管、放大器、限副器、带通滤波器、积分电路、比较器等电路集成在一个元件中,成为一体化红外接收头。

红外接收头有多种封装,引脚定义也不相同,一般都有三个引脚,包括电源正端、接地端和信号输出端。图 C－12 列出了常用的几种红外接收模块的引脚分布。

148

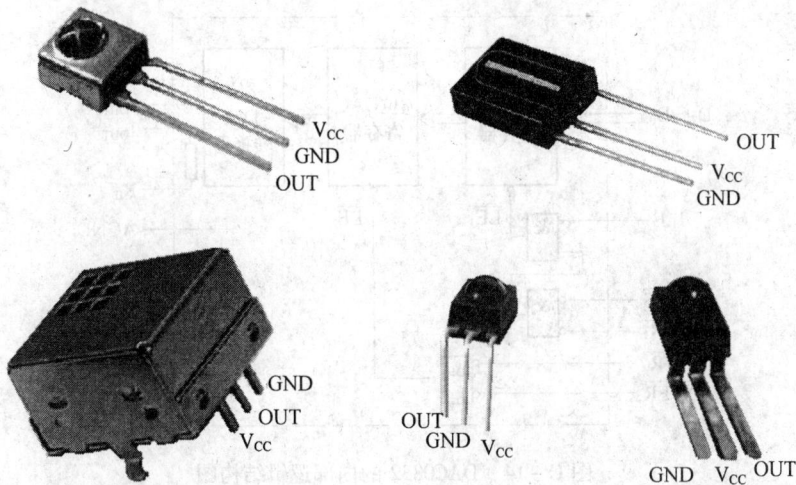

图 C - 12　常见红外接收模块的引脚定义图

4. 数模/模数转换器(D/A、A/D)

在数字电子技术很多应用场合,往往需要把模拟量转换成数字量,或把数字量转换成模拟量,完成这一转换功能的转换器有多种型号,使用者借助于手册提供的器件性能指标及典型应用电路,可准确使用这些器件。本实验采用大规模集成电路 DAC0832 实现 D/A(数/模)转换,ADC0809 实现 A/D(模/数)转换。

(1) D/A 转换器 DAC0832

DAC0832 是采用 CMOS 工艺制成的电流输出型 8 位数/模转换器,引脚功能及排列如图 C - 13 所示。

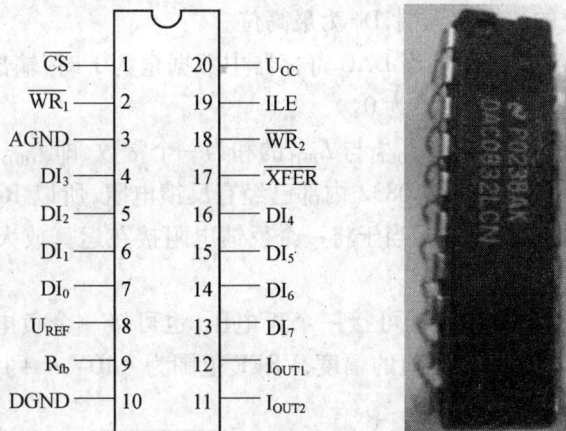

图 C - 13　DAC0832 的引脚图

图 C - 14 为 DAC0832 的内部逻辑结构图。其主要参数如下:分辨率为 8 位,转换时间为 $1\mu s$,满量程误差为 $\pm 1LSB$,参考电压为 $-10V \sim +10V$,供电电源为 $+5V \sim +15V$,逻辑电平输入与 TTL 兼容。从图中可见,在 DAC0832 中有两级锁存器,第一级锁存器称为输入寄存器,它的允许锁存信号为 ILE,第二级锁存器称为 DAC 寄存器,它的锁存信号也称为通道控制信号 $\overline{XFER}$。

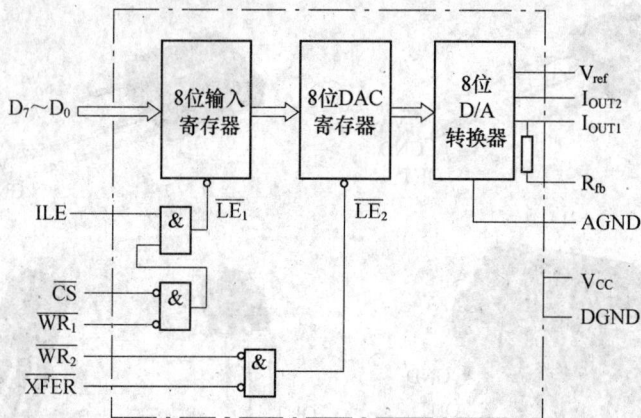

图 C – 14　DAC0832 的内部逻辑结构图

当 ILE 为高电平,片选信号$\overline{\text{CS}}$和写信号$\overline{\text{WR}_1}$为低电平时,输入寄存器控制信号为 1,这种情况下,输入寄存器的输出随输入而变化。此后,当 $\overline{\text{WR}_1}$ 由低电平变高时,控制信号成为低电平,此时,数据被锁存到输入寄存器中,这样输入寄存器的输出端不再随外部数据 DB 的变化而变化。

对第二级锁存来说,传送控制信号$\overline{\text{XFER}}$和写信号$\overline{\text{WR}_2}$同时为低电平时,二级锁存控制信号为高电平,8 位的 DAC 寄存器的输出随输入而变化,此后,当$\overline{\text{WR}_2}$由低电平变高时,控制信号变为低电平,于是将输入寄存器的信息锁存到 DAC 寄存器中。

DAC0832 其余各引脚的功能定义如下:

① $D_7 \sim D_0$:8 位的数据输入端,D_7 为最高位。

② I_{OUT1}:模拟电流输出端 1,当 DAC 寄存器中数据全为 1 时,输出电流最大,当 DAC 寄存器中数据全为 0 时,输出电流为 0。

③ I_{OUT2}:模拟电流输出端 2,I_{OUT2} 与 I_{OUT1} 的和为一个常数,即 $I_{\text{OUT1}} + I_{\text{OUT2}}$ = 常数。

④ R_{fb}:反馈电阻引出端,DAC0832 内部已经有反馈电阻,所以 RFB 端可以直接接到外部运算放大器的输出端,这样相当于将一个反馈电阻接在运算放大器的输出端和输入端之间。

⑤ V_{ref}:参考电压输入端,此端可接一个正电压,也可接一个负电压,它决定 0 ~ 255 的数字量转化出来的模拟量电压值的幅度,VREF 范围为 – 10V ~ + 10V。VREF 端与 D/A 内部 T 形电阻网络相连。

⑥ V_{cc}:芯片供电电压,范围为 + 5V ~ 15V。

⑦ AGND:模拟量地,即模拟电路接地端。

⑧ DGND:数字量地。

（2）A/D 转换器 ADC0809

ADC0809 是采用 CMOS 工艺制成的 8 位逐次渐近型模/数转换器,引脚排列如图 C – 15所示。引脚的功能说明如下:

$IN_7 \sim IN_0$——模拟量输入通道。

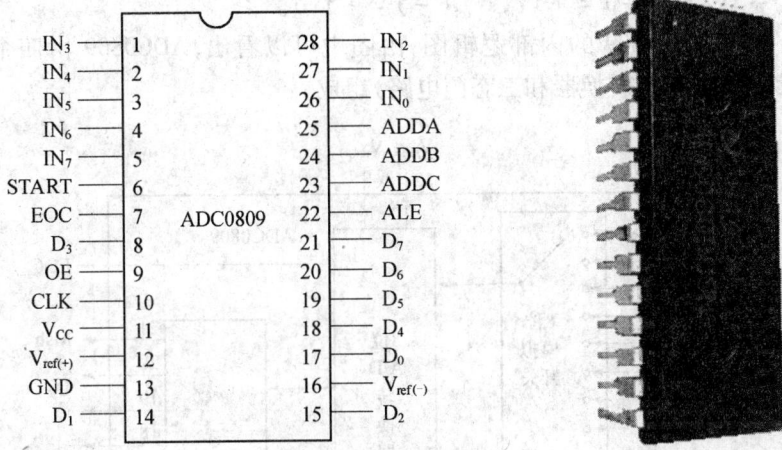

图 C-15 模数转换 ADC0809 集成电路引脚图

ALE——地址锁存允许信号。对应 ALE 上跳沿,A、B、C 地址状态送入地址锁存器中。

START——转换启动信号。START 上升沿时,复位 ADC0809;START 下降沿时启动芯片,开始进行 A/D 转换;在 A/D 转换期间,START 应保持低电平。本信号有时简写为 ST。

A、B、C——地址线。通道端口选择线,A 为低地址,C 为高地址,引脚图中为 ADDA,ADDB 和 ADDC。其地址状态与通道对应关系见表 C-4。

表 C-4 输入通道地址表

被选模拟通道	地 址			被选模拟通道	地 址		
	A_2	A_1	A_0		A_2	A_1	A_0
IN_0	0	0	0	IN_4	1	0	0
IN_1	0	0	1	IN_5	1	0	0
IN_2	0	1	0	IN_6	1	1	0
IN_3	0	1	1	IN_7	1	1	1

CLK——外部时钟信号输入端。由于 ADC0809 芯片内无时钟,必须依靠外部提供时钟才能工作。通常情况下,外部时钟信号的频率范围在 10kHz ~ 1280kHz 之间选取。当 CLK = 500kHz 时,转换速度为 128μs。

EOC——转换结束信号。EOC = 0,正在进行转换;EOC = 1,转换结束。使用中该状态信号即可作为查询的状态标志,又可作为中断请求信号使用。

D_7 ~ D_0——数据输出线。为三态缓冲输出形式,可以和单片机的数据线直接相连。D_0 为最低位,D_7 为最高位。

OE——输出允许信号。用于控制三态输出锁存器向单片机输出转换得到的数据。OE = 0,输出数据线呈高阻;OE = 1,输出转换得到的数据。

V_{CC}—— +5V 电源。

V_{ref}——参考电源参考电压用来与输入的模拟信号进行比较,作为逐次逼近的基准。其典型值为 $+5V(V_{ref}(+) = +5V, V_{ref}(-) = -5V)$。

图 C-16 为 ADC0809 的内部逻辑图,由图中可以看出,ADC0809 由四个功能部件(译码器、多路开关、AD 转换器和三态门电路)组成。

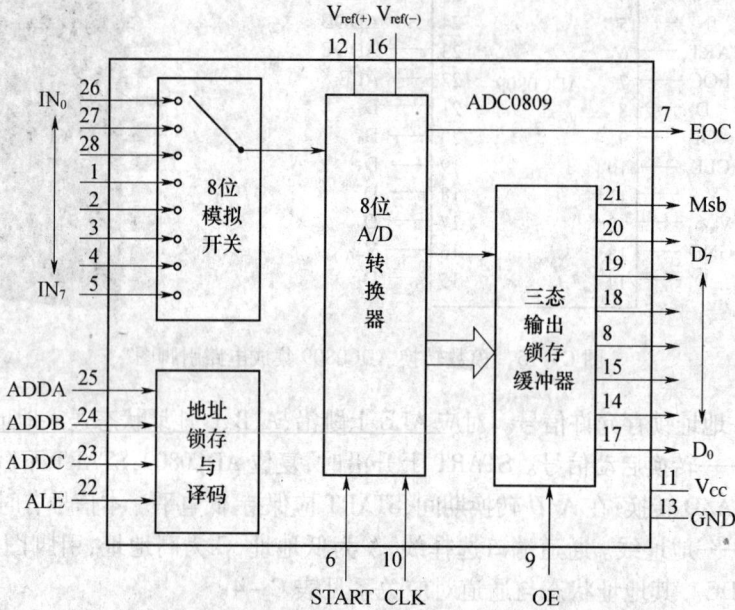

图 C-16 模数转换 ADC0809 集成电路内部逻辑图

ADC0809 工作时,首先通过译码器,指定通道,然后多路开关打开,外部电压进入 ADC0809。START 信号是在脉冲的下降沿的情况下 ADC0809 开始转换,同时状态管脚 EOC 自动变低,表示转换正在进行,每个时钟 CLK 的脉冲转换一位。转换完成后,EOC 自动变高。如果在 START 端外部也加一个时钟,这样 ADC0809 就可以自动不断地采集数据。START 每个时钟的下降沿,都会采集一个数据,如果需要采集 1000 个数据,START 端只需要有 1000 个脉冲就可以了。对于一般的数据采集板卡,都支持单点、多定点和连续采集三种方式。

所谓单点,就是通过软件给定 START 一个下降沿信号,产生一次数据采集结果。

所谓多定点,就是给定 START 端一个固定次数的脉冲,产生固定次数的数据采集结果。

所谓连续采集,就是给定 START 端一个持续不断的脉冲。

对于连续采集,一般都要设定两个参数,SAMPLE RATE 采样频率和 samples per channel(每通道采样数)。针对 0809,采样频率对应 START 端脉冲的频率。

图 C-17 为模/数转换器 ADC0809 与单片机连接使用的实际电路。

5. 常用 51 系列单片机引脚说明图

这里列出了两种常用的 51 系列单片机的封装。图 C-18 为 89C2051 引脚功能说明图。图 C-19 为 89S5131 脚功能说明图。

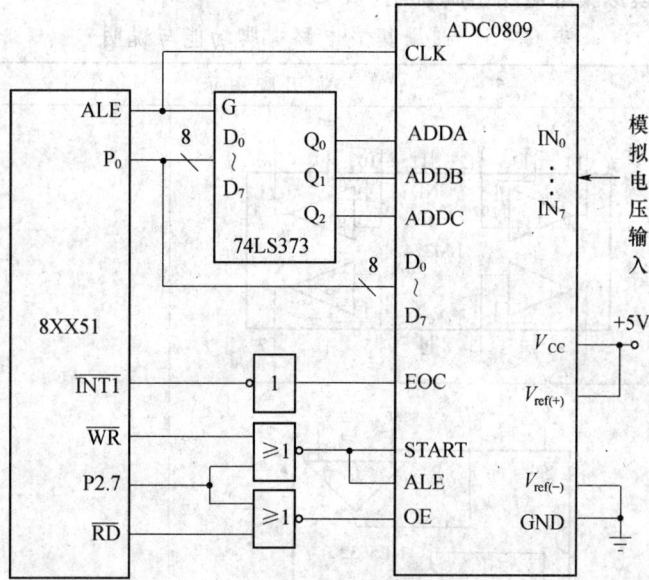

图 C-17 模/数转换器 ADC0809 的应用实例

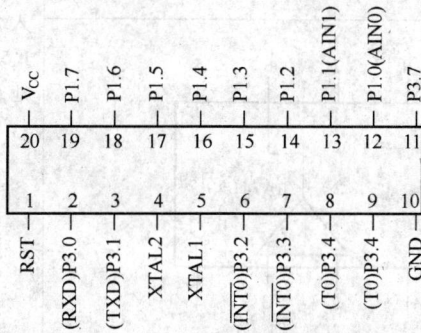

图 C-18 89C2051 引脚功能说明图

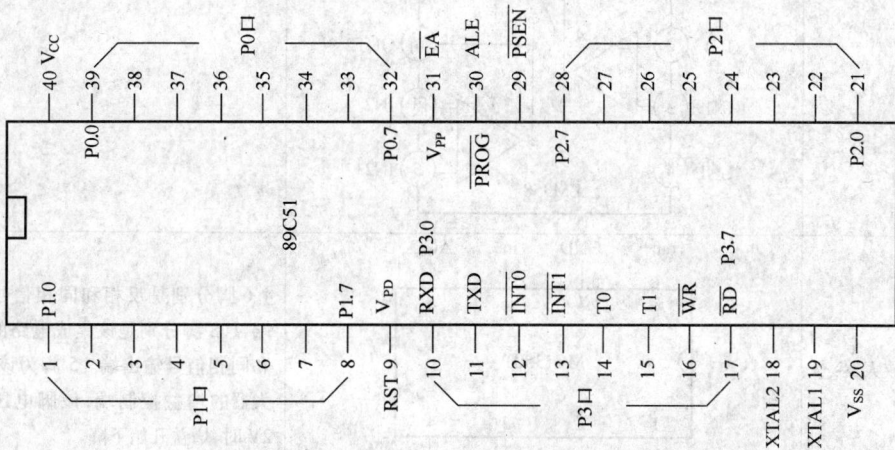

图 C-19 89S51 引脚功能说明图

6. 几种常用模拟集成电路引脚说明(表C-5)

表 C-5 通用集成电路引脚功能与说明

型　号	引 脚 图 示	
运算放大器	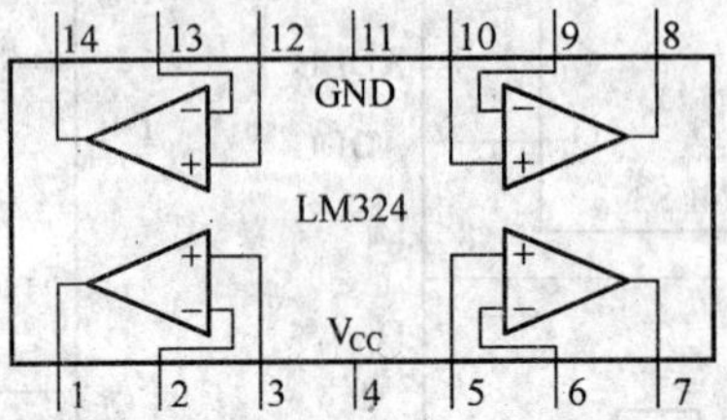 (LM324) (NE5532) (μA741) (LM358)	"-"为反相输入端,"+"为同相输入端,另一端为信号输出端,741 的 1、5 脚可接一个电位器,且中心脚接地,作为输出端电位调整之用
IF 放大器	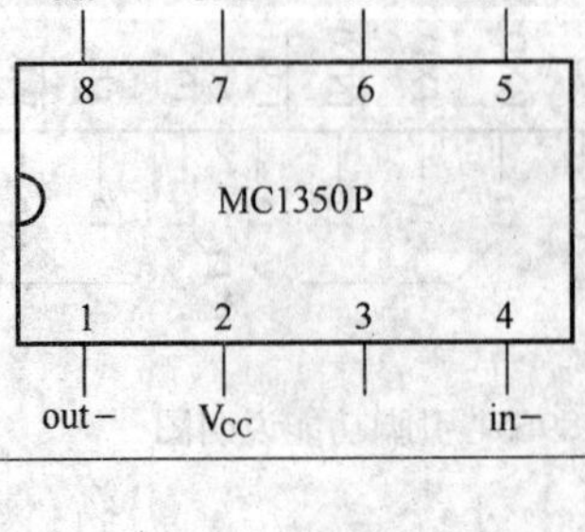 (MC1350P)	4、6 脚分别是反相和同相信号输入端,1、8 脚分别是该集成电路的反相和同相信号输出端。5 脚为该 IF 放大器的增益控制端,该脚电压大于 2V 时,增益开始下降

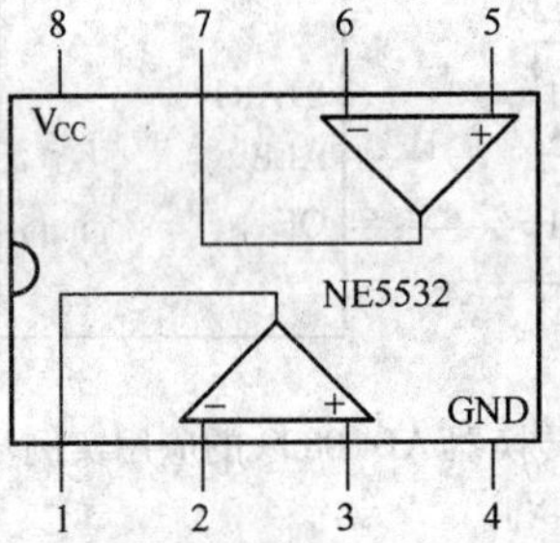

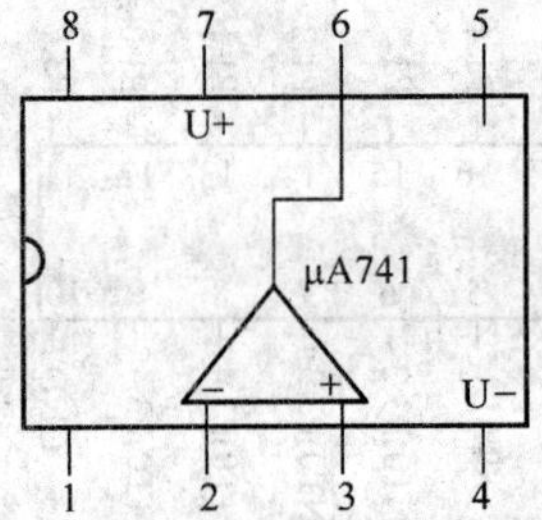

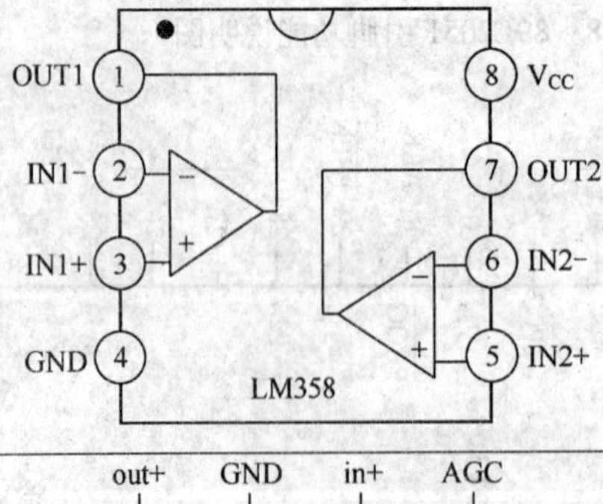

154

型 号	引 脚 图 示	
乘法器	V_CC、Qe、Qb、out2（8、7、6、5脚） NE602 in1、in2、GND、out1（1、2、3、4脚）	4、5 脚为正、反相信号的输出端,1、2 脚为信号输入端,6、7 脚可与外电路组成振荡电路。 该集成电路的额定工作电压为4.5V ~ 8V
	C1+ 1 ── 16 V_CC V_S+ 2 ── 15 GND C1- 3 ── 14 T1OUT C2+ 4 ── 13 R1IN C2- 5 ── 12 R1OUT V_S- 6 ── 11 T1IN T2OUT 7 ── 10 T2IN R2IN 8 ── 9 R2OUT	RS232 – TTL 电平信号转换器 T1OUT 和 T2OUT 对应转换输出(± 12V 电平)来自 T1IN 和 T2IN(TTL 电平)的信号。 R1OUT 和 R2OUT 对应转换输出 (TTL 电平)来自 R1IN 和 R2IN(± 12V 电平)的信号。 4 脚与 5 脚、1 脚与 3 脚、2 脚与 VCC 以及 6 脚与地之间均应分别接入一个电容量为 0. 1uF ~ 10uF 之间的电容器。 特别提示:如选用电解电容器时,应注意接入的极性,6 脚接电解电容器的负极,正极接 GND;2 脚接电解电容器的正极,负极接 V_CC
MAX232	DB9针接口 RS232电平 DB9针接口 +5V C1 1μF 16 V_CC 4 C2+ C1+ 1 C2 1μF MAX232 C3 1μF 5 C2- C1- 3 14 T1out T1in 11 TXD 13 R1in R1out 12 RXD 7 T2out T2in 10 TXD 8 R2in R2out 9 RXD 2 V+ V- 6 C4 1μF 15 GND C5 1μF +5V TTL 电平	

型　号	引　脚　图　示
ULN2803A	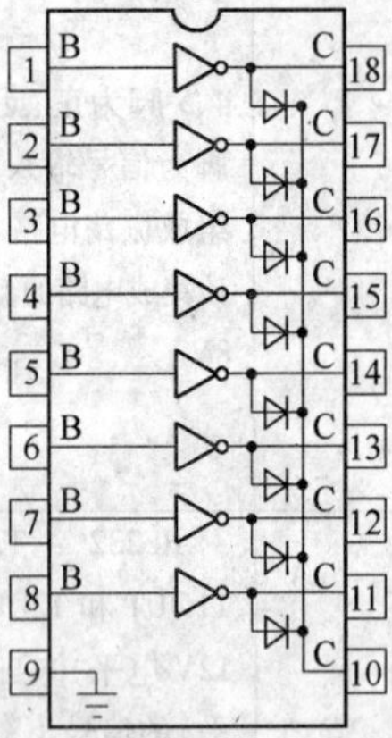 反向输出驱动器 该电路的输出为达林顿结构,见下图,其输出为集电极开路形式,VCE 上限值可达 50 V,驱动输出电流为 500mA。常用于驱动继电器等感性负载。 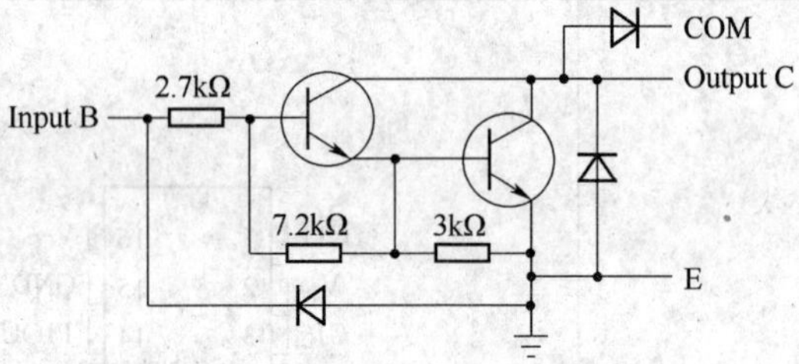
ULN2003A	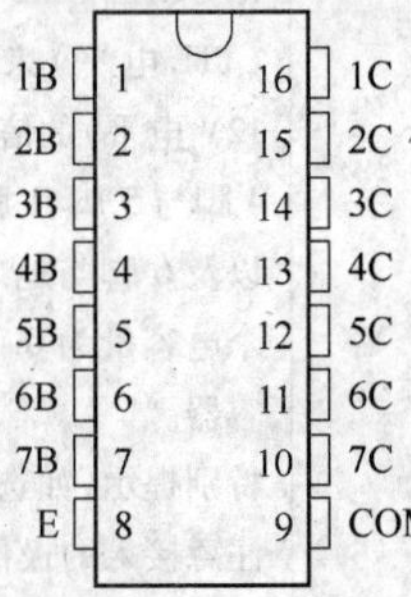 ULN2803A 与 ULN2003A 内部结构、功能以及工作特性相同,只是 ULN2003A 只有 7 路输出,而 ULN2803A 为 8 路输出

7. 常用的数字集成电路引脚说明(表 C-6 ~ 表 C-10)

表 C-6　数字集成电路引脚功能说明(一)

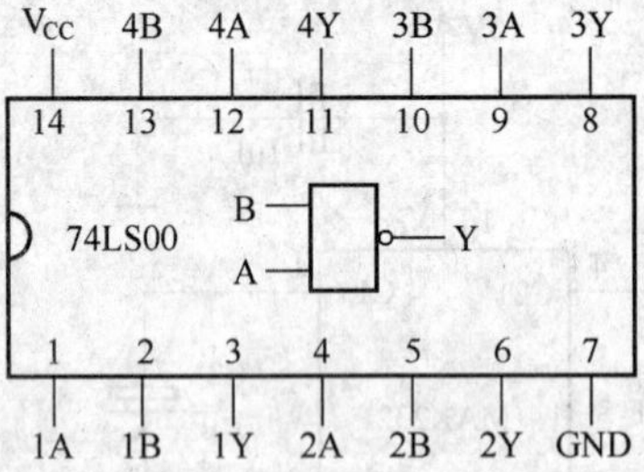

四-2 输入与非门

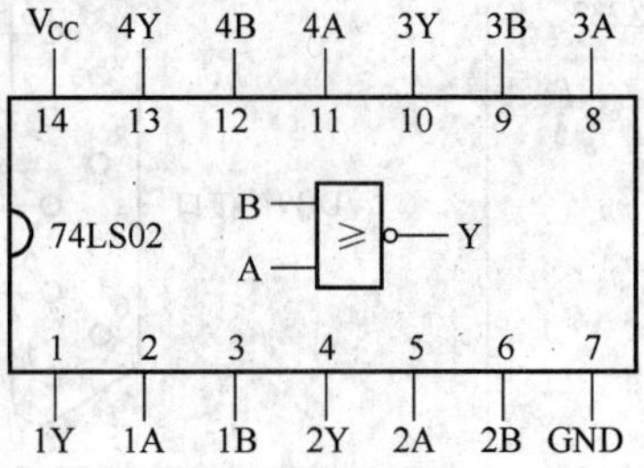

四-2 输入或非门

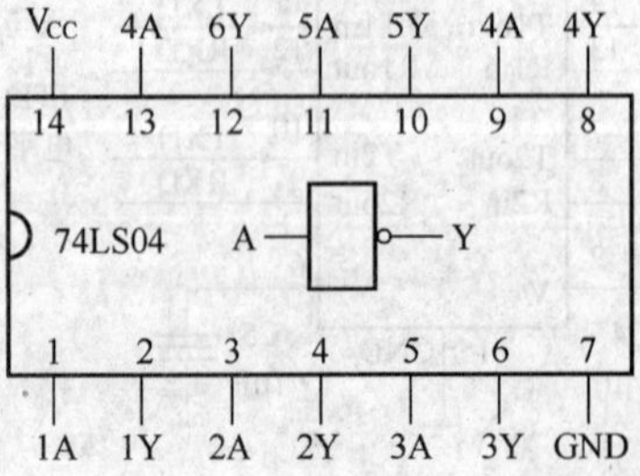

六-非门

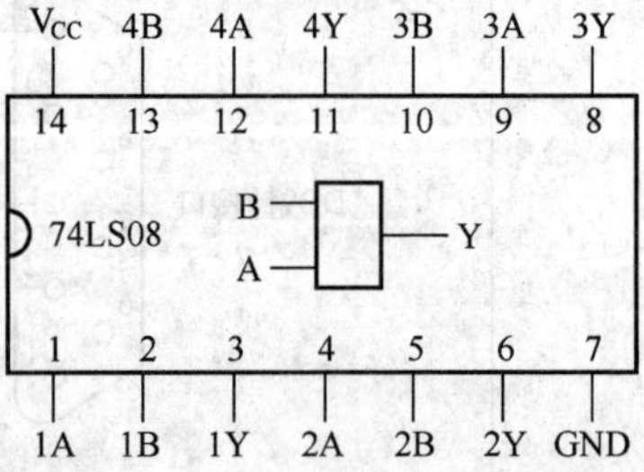

四-2 输入与门

74LS10 A B C →Y (14 13 12 11 10 9 8: Vcc 1C 1Y 3C 3B 3A 3Y) (1 2 3 4 5 6 7: 1A 1B 2A 2B 2C 2Y GND)	**74LS11** A B C —Y (14 13 12 11 10 9 8: Vcc 1C 1Y 3C 3B 3A 3Y) (1 2 3 4 5 6 7: 1A 1B 2A 2B 2C 2Y GND)
三-3 输入与非门	三-3 输入与门
74LS13 A B C D —Y (14 13 12 11 10 9 8: Vcc 2D 2C 2B 2A 2Y) (1 2 3 4 5 6 7: 1A 1B 1C 1D 1Y GND)	**74LS14** A ⎍ Y (14 13 12 11 10 9 8: Vcc 4A 6Y 5A 5Y 4A 4Y) (1 2 3 4 5 6 7: 1A 1Y 2A 2Y 3A 3Y GND)
二-4 输入与门	六-施密特触发器

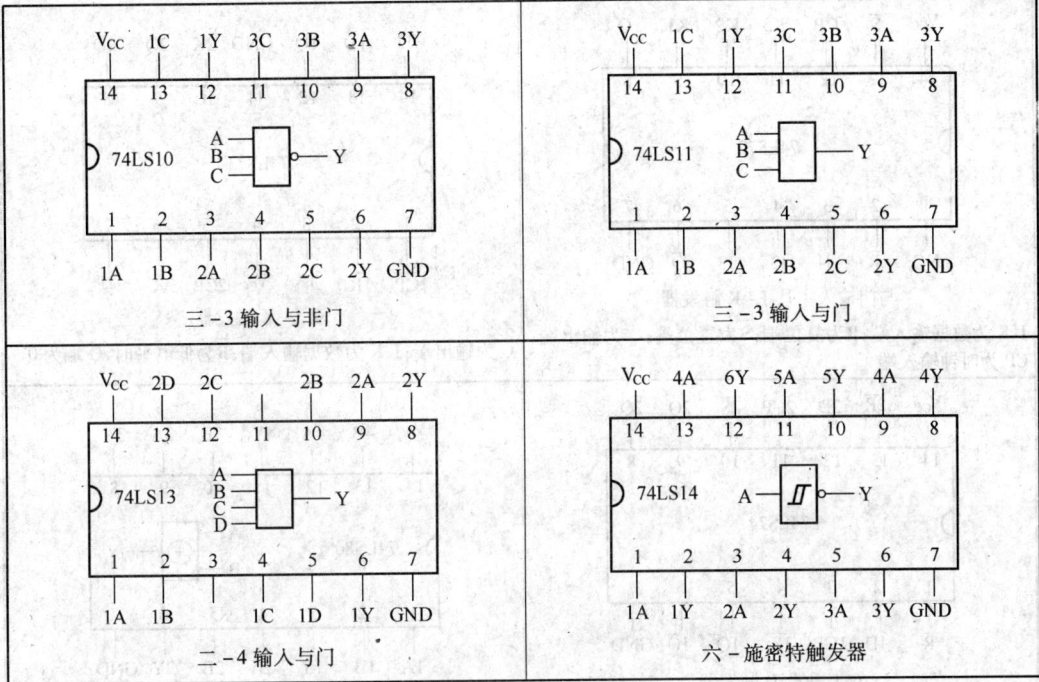

表 C-7　数字集成电路引脚功能说明（二）

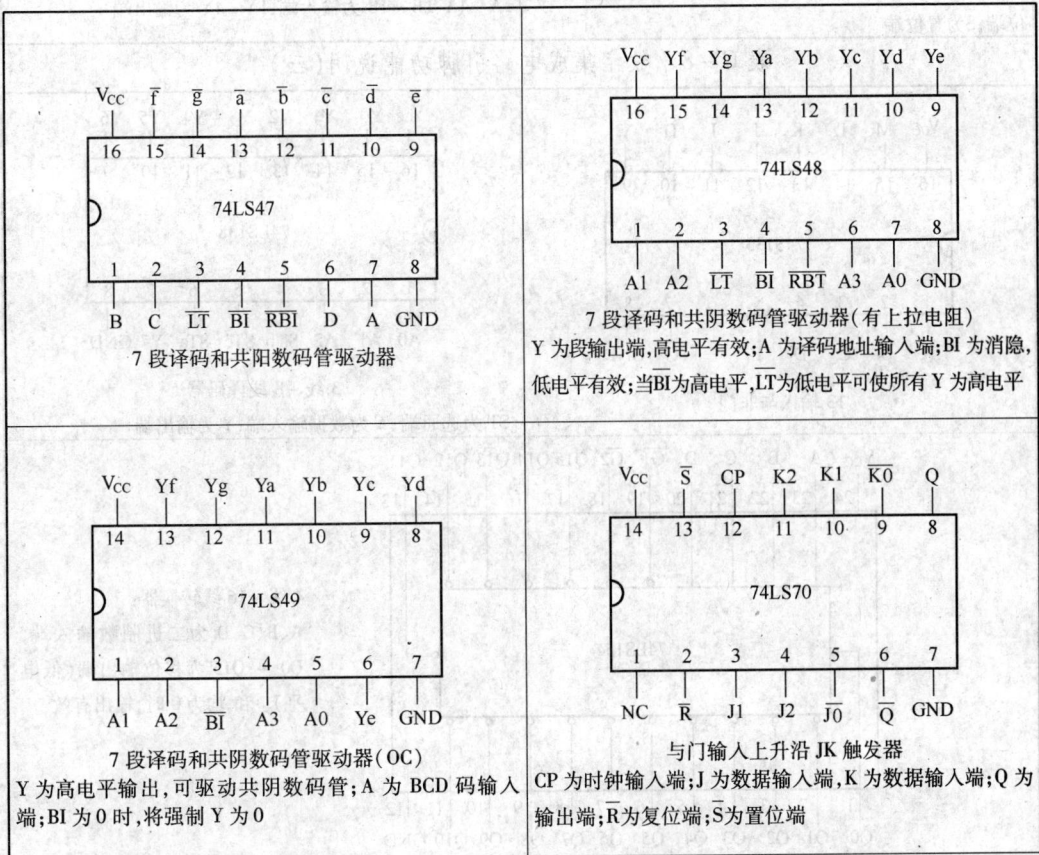

74LS47 (16 15 14 13 12 11 10 9: Vcc $\bar{f}$ $\bar{g}$ $\bar{a}$ $\bar{b}$ $\bar{c}$ $\bar{d}$ $\bar{e}$) (1 2 3 4 5 6 7 8: B C $\overline{LT}$ $\overline{BI}$ RBI D A GND)	**74LS48** (16 15 14 13 12 11 10 9: Vcc Yf Yg Ya Yb Yc Yd Ye) (1 2 3 4 5 6 7 8: A1 A2 $\overline{LT}$ $\overline{BI}$ $\overline{RBT}$ A3 A0 GND)
7 段译码和共阳数码管驱动器	7 段译码和共阴数码管驱动器（有上拉电阻） Y 为段输出端,高电平有效;A 为译码地址输入端;BI 为消隐, 低电平有效;当BI 为高电平,LT 为低电平可使所有 Y 为高电平
74LS49 (14 13 12 11 10 9 8: Vcc Yf Yg Ya Yb Yc Yd) (1 2 3 4 5 6 7: A1 A2 $\overline{BI}$ A3 A0 Ye GND)	**74LS70** (14 13 12 11 10 9 8: Vcc $\bar{S}$ CP K2 K1 $\overline{K0}$ Q) (1 2 3 4 5 6 7: NC $\bar{R}$ J1 J2 $\overline{J0}$ $\bar{Q}$ GND)
7 段译码和共阴数码管驱动器（OC） Y 为高电平输出,可驱动共阴数码管;A 为 BCD 码输入 端;BI 为 0 时,将强制 Y 为 0	与门输入上升沿 JK 触发器 CP 为时钟输入端;J 为数据输入端,K 为数据输入端;Q 为 输出端;$\bar{R}$为复位端;$\bar{S}$为置位端

V_{CC} $\overline{S}$ CP K3 K2 K1 Q	1J 1$\overline{Q}$ 1Q GND 2K 2Q 2$\overline{Q}$

$$V_{CC} \quad \overline{S} \quad CP \quad K3 \quad K2 \quad K1 \quad Q$$
$$14 \quad 13 \quad 12 \quad 11 \quad 10 \quad 9 \quad 8$$

74LS72

$$1 \quad 2 \quad 3 \quad 4 \quad 5 \quad 6 \quad 7$$
$$NC \quad \overline{R} \quad J1 \quad J2 \quad J3 \quad \overline{Q} \quad GND$$

与门输入主从 J－K 触发器

J、K 为数据输入端;$\overline{R}$为复位端;$\overline{S}$为置位端;Q 为输出端;
CP 为时钟输入端

$$1J \quad 1\overline{Q} \quad 1Q \quad GND \quad 2K \quad 2Q \quad 2\overline{Q}$$
$$14 \quad 13 \quad 12 \quad 11 \quad 10 \quad 9 \quad 8$$

74LS73

$$1 \quad 2 \quad 3 \quad 4 \quad 5 \quad 6 \quad 7$$
$$1CP \quad 1\overline{R} \quad 1K \quad V_{CC} \quad 2CP \quad 2\overline{R} \quad 2J$$

双 J－K 触发器

Q 为输出端;J、K 为数据输入端;$\overline{R}$为低电平时,Q 端为 0

$$V_{CC} \quad \overline{2R} \quad 2D \quad 2CP \quad \overline{2S} \quad 2Q \quad \overline{2Q}$$
$$14 \quad 13 \quad 12 \quad 11 \quad 10 \quad 9 \quad 8$$

74LS74

$$1 \quad 2 \quad 3 \quad 4 \quad 5 \quad 6 \quad 7$$
$$\overline{R} \quad 1D \quad 1CP \quad \overline{1S} \quad 1Q \quad 1\overline{Q} \quad GND$$

双上升沿 D 触发器

CP 为时钟输入端;D 为数据输入端;Q 为输出端;$\overline{R}$为复
位端;$\overline{S}$为置位端

$$V_{CC} \quad 4B \quad 4A \quad 4Y \quad 3B \quad 3A \quad 3Y$$
$$14 \quad 13 \quad 12 \quad 11 \quad 10 \quad 9 \quad 8$$

74LS86

$$1 \quad 2 \quad 3 \quad 4 \quad 5 \quad 6 \quad 7$$
$$1A \quad 1B \quad 1Y \quad 2A \quad 2B \quad 2Y \quad GND$$

四 －2 输入异或门

1A ~4A、1B ~4B 为输入端;1Y ~4Y 为输出端

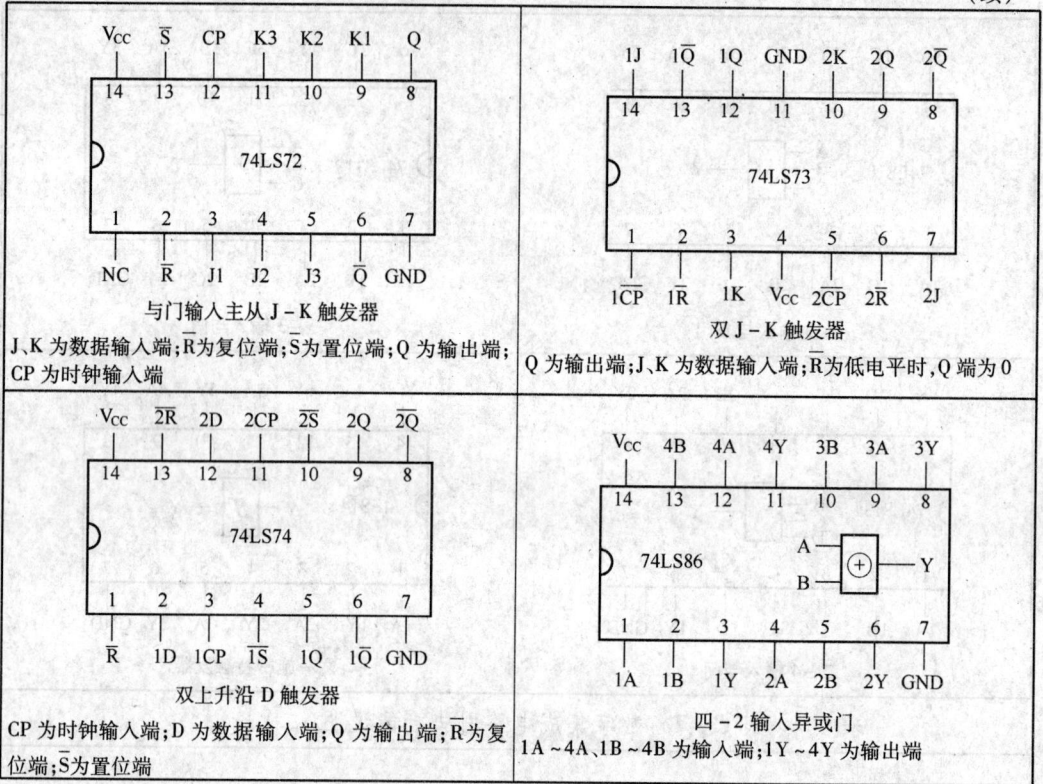

表 C －8　数字集成电路引脚功能说明(三)

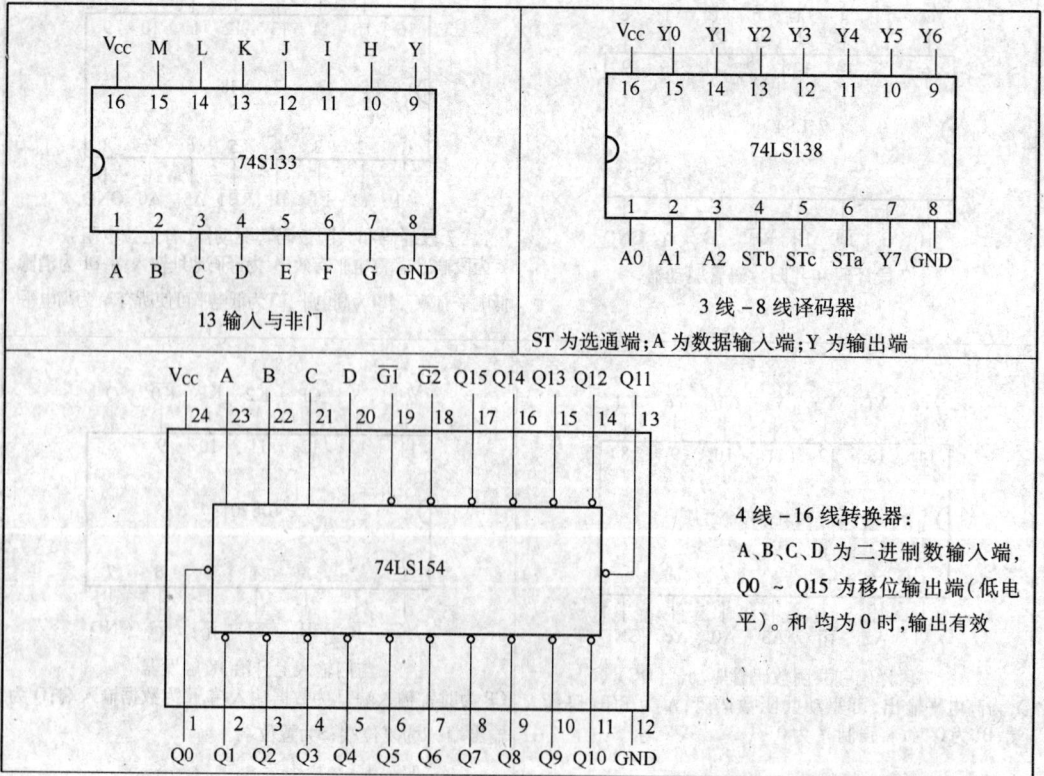

$$V_{CC} \quad M \quad L \quad K \quad J \quad I \quad H \quad Y$$
$$16 \quad 15 \quad 14 \quad 13 \quad 12 \quad 11 \quad 10 \quad 9$$

74S133

$$1 \quad 2 \quad 3 \quad 4 \quad 5 \quad 6 \quad 7 \quad 8$$
$$A \quad B \quad C \quad D \quad E \quad F \quad G \quad GND$$

13 输入与非门

$$V_{CC} \quad Y0 \quad Y1 \quad Y2 \quad Y3 \quad Y4 \quad Y5 \quad Y6$$
$$16 \quad 15 \quad 14 \quad 13 \quad 12 \quad 11 \quad 10 \quad 9$$

74LS138

$$1 \quad 2 \quad 3 \quad 4 \quad 5 \quad 6 \quad 7 \quad 8$$
$$A0 \quad A1 \quad A2 \quad STb \quad STc \quad STa \quad Y7 \quad GND$$

3 线 －8 线译码器

ST 为选通端;A 为数据输入端;Y 为输出端

$$V_{CC} \quad A \quad B \quad C \quad D \quad \overline{G1} \quad \overline{G2} \quad Q15 \quad Q14 \quad Q13 \quad Q12 \quad Q11$$
$$24 \quad 23 \quad 22 \quad 21 \quad 20 \quad 19 \quad 18 \quad 17 \quad 16 \quad 15 \quad 14 \quad 13$$

74LS154

$$1 \quad 2 \quad 3 \quad 4 \quad 5 \quad 6 \quad 7 \quad 8 \quad 9 \quad 10 \quad 11 \quad 12$$
$$Q0 \quad Q1 \quad Q2 \quad Q3 \quad Q4 \quad Q5 \quad Q6 \quad Q7 \quad Q8 \quad Q9 \quad Q10 \quad GND$$

4 线 －16 线转换器:
A、B、C、D 为二进制数输入端,
Q0 ~ Q15 为移位输出端(低电
平)。和 均为 0 时,输出有效

158

74LS165

V_CC CP1 D3 D2 D1 D0 DS Q
16 15 14 13 12 11 10 9

1 2 3 4 5 6 7 8
$\overline{LD}$ CP0 D4 D5 D6 D7 $\overline{Q}$ GND

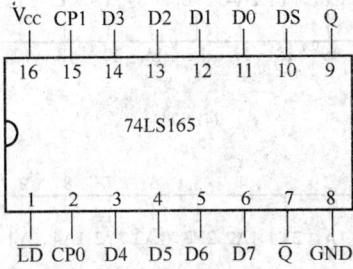

并入/串出数据转换器

CP 为时钟输入端;D 为并行数据输入端;DS 为串行数据输入端;Q 为输出端;$\overline{LD}$ 为装载控制端

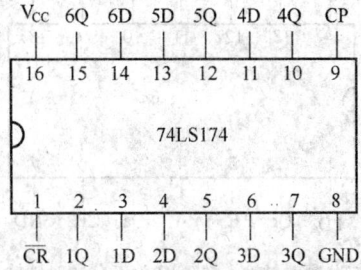

74LS174

V_CC 6Q 6D 5D 5Q 4D 4Q CP
16 15 14 13 12 11 10 9

1 2 3 4 5 6 7 8
$\overline{CR}$ 1Q 1D 2D 2Q 3D 3Q GND

CP 为时钟输入端;$\overline{CR}$ 为清除端;D 为数据输入端;Q 为输出端

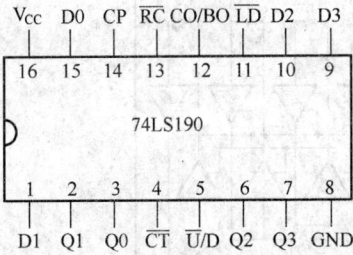

74LS190

V_CC D0 CP $\overline{RC}$ CO/BO $\overline{LD}$ D2 D3
16 15 14 13 12 11 10 9

1 2 3 4 5 6 7 8
D1 Q1 Q0 $\overline{CT}$ $\overline{U}$/D Q2 Q3 GND

CO/BO 为进位输出/借位输出端;$\overline{CT}$ 为计数控制端;CP 为时钟输入端(上升沿有效);D 为并行数据输入端;$\overline{LD}$ 为异步并行置入控制端;Q 为输出端;$\overline{RC}$ 为行波时钟输出端;$\overline{U}$/D 为加、减计数方式控制端

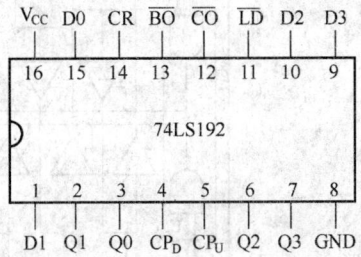

74LS192

V_CC D0 CR $\overline{BO}$ $\overline{CO}$ $\overline{LD}$ D2 D3
16 15 14 13 12 11 10 9

1 2 3 4 5 6 7 8
D1 Q1 Q0 CP_D CP_U Q2 Q3 GND

$\overline{BO}$ 为借位输出端;$\overline{CO}$ 为进位输出端;$\overline{LD}$ 为异步并行置入控制端;CP_D 为减计数时钟输入端;CP_U 为加计数时钟输入端;CR 为异步清除端;D 为并行数据输入端

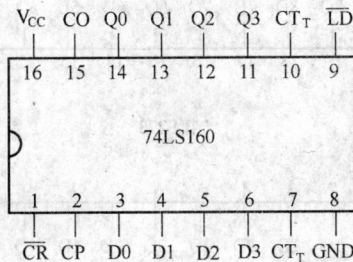

74LS160

V_CC CO Q0 Q1 Q2 Q3 CT_T $\overline{LD}$
16 15 14 13 12 11 10 9

1 2 3 4 5 6 7 8
$\overline{CR}$ CP D0 D1 D2 D3 CT_T GND

CO 为进位输出端;CT 为计数控制端;Q 为输出端;D 为数据输入端;CP 为时钟输入端;$\overline{CR}$ 为异步清除端;$\overline{LD}$ 为同步并行置入控制端

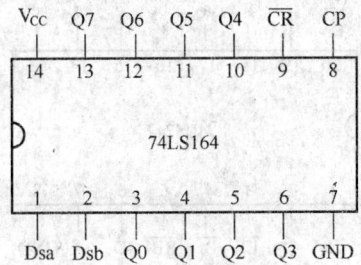

74LS164

V_CC Q7 Q6 Q5 Q4 $\overline{CR}$ CP
14 13 12 11 10 9 8

1 2 3 4 5 6 7
Dsa Dsb Q0 Q1 Q2 Q3 GND

串入/并出数据转换器

CP 为时钟输入端;$\overline{CR}$ 为清除端;Dsa 和 Dsb 为串行数据输入端;Q 为输出端

表 C-9 数字集成电路引脚功能说明(四)

74LS196

```
       Vcc   R̄   Qd    D    B   Qb  CP1
       14   13   12   11   10    9    8
      ┌──────────────────────────────────┐
      │              74LS196              │
      └──────────────────────────────────┘
        1    2    3    4    5    6    7
       L̄D   Qc    C    A   Qa  CP2  GND
```

CP1 为二分频时钟输入端;CP2 为五分频时钟输入端;R̄ 为异步清除输入端;L̄D 为异步并行置入控制端;A、B、C、D 为并行数据输入端;Q 为输出端

74LS244

```
     Vcc  CE̅2̅  1Y1  2A4  1Y2  2A3  1Y3  2A2  1Y4  2A1
      20   19   18   17   16   15   14   13   12   11
     ┌──────────────────────────────────────────────┐
     │                  74LS244                       │
     └──────────────────────────────────────────────┘
       1    2    3    4    5    6    7    8    9   10
     CE̅1̅  1A1  2Y4  1A2  2Y3  1A3  2Y2  1A4  2Y1  GND
```

八缓冲器/线驱动器

1A ~ 8A 为数据输入端;CE1、CE2 为三态允许端(低电平有效);1Y ~ 8Y 为数据输出端

74LS245

```
     Vcc   G̅   B1   B2   B3   B4   B5   B6   B7   B8
      20   19   18   17   16   15   14   13   12   11
     ┌──────────────────────────────────────────────┐
     │                                                │
     │                                                │
     └──────────────────────────────────────────────┘
       1    2    3    4    5    6    7    8    9   10
      DIR  A1   A2   A3   A4   A5   A6   A7   A8  GND
```

74LS245:8 路双向数据传输器,具有三态输出。

C̅:输出允许端,低电平有效;为 1 时,A 端和 B 端均为高阻状态。

DIR:当 C̅ 为低电平时,若 DIR =1,则数据由 A 传向 B 端,若 DIR =0 时,则数据由 B 端传向 A 端

74LS247

```
     Vcc   f    g    a    b    c    d    e
      20   19   18   17   16   15   14   13
     ┌──────────────────────────────────────┐
     │                74LS247                 │
     └──────────────────────────────────────┘
       1    2    3    4    5    6    7    8
       B    C   L̄T   B̄I  R̄B̄I̅   D    A   GND
```

7 段译码和共阳数码管驱动器(OC)

A、B、C 和 D 为译码地址输入端;B̄I 为消隐输入;L̄T 为灯测试输入(低有效);R̄B̄I̅为脉冲消隐输入端;Y 为段输出端

74LS273

```
     Vcc  8Q   8D   7D   7Q   6Q   6D   5D   5Q   CK
      20   19   18   17   16   15   14   13   12   11
     ┌──────────────────────────────────────────────┐
     │                  74LS273                       │
     └──────────────────────────────────────────────┘
       1    2    3    4    5    6    7    8    9   10
      C̄R   1Q   1D   2D   2Q   3Q   3D   4D   4Q  GND
```

8 位数据/地址锁存器

C̄R 为 Q 端数据清零端;CK 为锁存脉冲输入端(上升沿有效);D 为并行数据输入端;Q 为数据输出端

74LS373

V_CC	Q7	D7	D6	Q6	Q5	D5	D4	Q4	G
20	19	18	17	16	15	14	13	12	11

1	2	3	4	5	6	7	8	9	10
$\overline{OE}$	Q0	D0	D1	Q1	Q2	D2	D3	Q3	GND

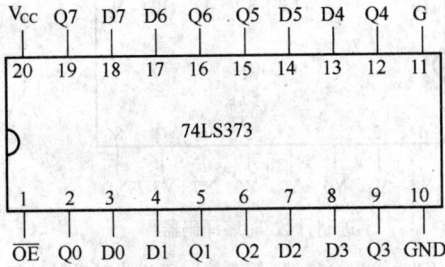

$\overline{OE}$:允许输出信号,OE＝1,Q 为高阻。

$\overline{OE}$＝0,三态门导通,信号输出。

G:G＝1 时,D 端数据到 Q 端

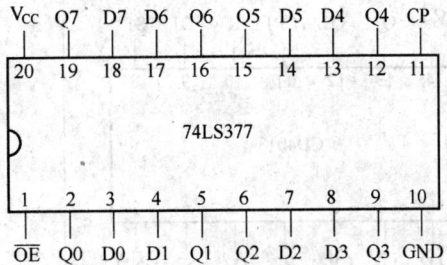

74LS377

V_CC	Q7	D7	D6	Q6	Q5	D5	D4	Q4	CP
20	19	18	17	16	15	14	13	12	11

1	2	3	4	5	6	7	8	9	10
$\overline{OE}$	Q0	D0	D1	Q1	Q2	D2	D3	Q3	GND

八 D 锁存器:

D 端为数据输入端;Q 端为数据输出端。

$\overline{OE}$:输出允许端,$\overline{OE}$＝0 时,允许 D 端数据输出。

CP:时钟信号输入端,上升沿将 D 端数据锁存到 Q 端
($\overline{OE}$＝0 时)

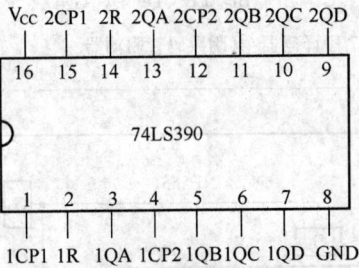

74LS390

V_CC	2CP1	2R	2QA	2CP2	2QB	2QC	2QD
16	15	14	13	12	11	10	9

1	2	3	4	5	6	7	8
1CP1	1R	1QA	1CP2	1QB	1QC	1QD	GND

二一五一十进制计数器

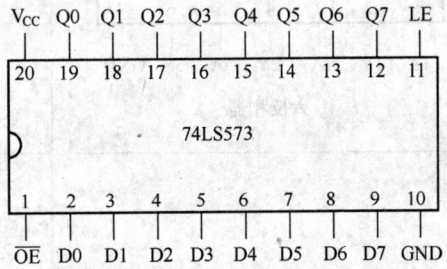

74LS573

V_CC	Q0	Q1	Q2	Q3	Q4	Q5	Q6	Q7	LE
20	19	18	17	16	15	14	13	12	11

1	2	3	4	5	6	7	8	9	10
$\overline{OE}$	D0	D1	D2	D3	D4	D5	D6	D7	GND

八 D 锁存器:D 为数据输入端;Q 为数据输出端。

$\overline{OE}$:输出允许端,$\overline{OE}$＝1 时 Q 端显现高阻状态。

LE:LE＝0 时,Q 端保持原来的状态;LE＝1 时,D 端数据输出到 Q 端(在 $\overline{OE}$＝0 时)

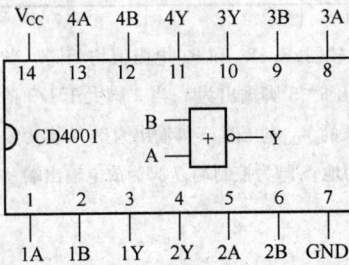

CD4001

V_CC	4A	4B	4Y	3Y	3B	3A
14	13	12	11	10	9	8

1	2	3	4	5	6	7
1A	1B	1Y	2Y	2A	2B	GND

四 -2 输入或非门

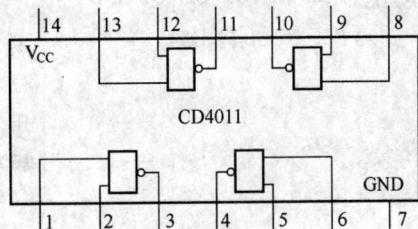

CD4011

14	13	12	11	10	9	8
V_CC						

1	2	3	4	5	6	7
						GND

四 -2 输入与非门

表 C-10　数字集成电路引脚功能说明(五)

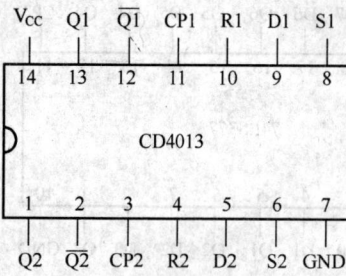

CD4013

	V_cc	Q1	$\overline{Q1}$	CP1	R1	D1	S1
	14	13	12	11	10	9	8
	1	2	3	4	5	6	7
	Q2	$\overline{Q2}$	CP2	R2	D2	S2	GND

CD4013

二－D 锁存器

CD4017

	V_cc	CLR	CLK	$\overline{EN}$	CO	Y9	Y4	Y8
	16	15	14	13	12	11	10	9
	1	2	3	4	5	6	7	8
	Y5	Y1	Y0	Y2	Y6	Y7	Y3	GND

CD4017

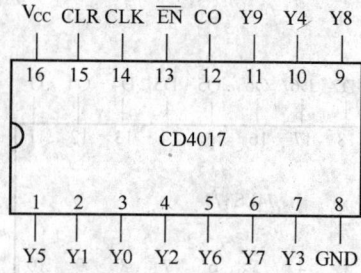

十进制计数/时序译码器

Y 为输出端;$\overline{EN}$为输出允许端(低有效);CLK 为时钟脉冲输入端;CLR 为输出清零端

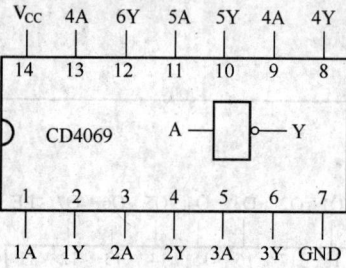

CD4069

	V_cc	4A	6Y	5A	5Y	4A	4Y
	14	13	12	11	10	9	8
	1	2	3	4	5	6	7
	1A	1Y	2A	2Y	3A	3Y	GND

CD4069　A —▷o— Y

六反相器

CD4511

	V_cc	f	g	a	b	c	d	e
	16	15	14	13	12	11	10	9
	1	2	3	4	5	6	7	8
	B	C	$\overline{LT}$	$\overline{BI}$	LE	D	A	GND

CD4511

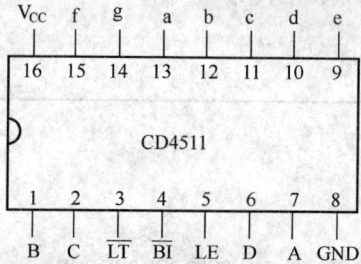

7 段译码器/共阴数码管驱动器

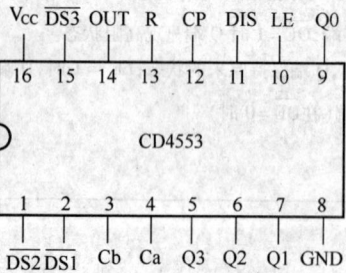

CD4553

	V_cc	$\overline{DS3}$	OUT	R	CP	DIS	LE	Q0
	16	15	14	13	12	11	10	9
	1	2	3	4	5	6	7	8
	$\overline{DS2}$	$\overline{DS1}$	Cb	Ca	Q3	Q2	Q1	GND

CD4553

3 位动态 BCD 码计数器

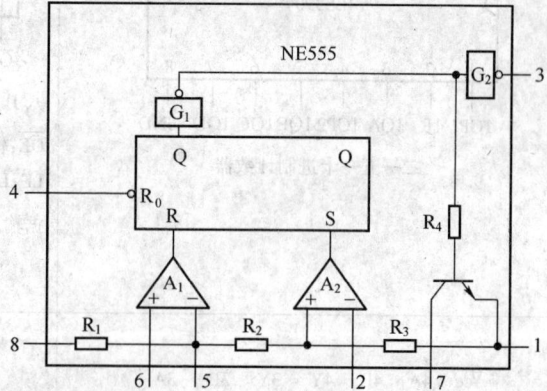

NE555

A_1 和 A_2 为电压比较器,R_1、R_2 和 R_3 电阻值均相同。当 2 脚电位为 1/3 的 V_{CC} 电压时,3 脚输出为 1;当 2 脚大于 1/3 的 V_{CC} 电压,而 6 脚大于 2/3 的 V_{CC} 电压时,3 脚输出为 0。4 脚为复位端,8 脚为电源端,1 脚为地,5 脚为控制端,7 脚为放电输出端

附表D 各类传感器性能及参数表

一、几种常用传感器的性能比较

几种常用传感器的性能比较见表D-1。

表 D-1　几种常用传感器的性能比较

类型	示值范围	优点	缺点	应用场合与领域
电位器	500m 以下或 360°以下	结构简单、输出信号大、测量电路简单	摩擦力大、需要较大的输入能量、动态响应差。应用于无腐蚀性气体的环境中	直线和角位移测量
应变片	2000μm 以下	体积小、价格低廉、精度高、频率特性较好	输出信号小、测量电路较复杂、易损坏	力、应力、应变、小位移、振动、速度、加速度及扭矩测量
电感	0.001mm ~ 20mm	结构简单、分辨率高、输出电压高	体积大、动态响应较差、需要较大的激励功率、易受环境振动的影响	小位移、液体及气体压力测量、振动测量
电涡流	100mm 以下	体积小、灵敏度高、非接触测量、使用方便、频响好、应用领域宽	标定复杂、须远离非被测金属物体	小位移、振动、加速度、振幅、转速、表面温度及状态测量、无损探伤
电容	0.001mm ~ 0.5mm	体积小、动态响应好、能在恶劣条件下工作、需要的激励功率小	测量电路负载、对湿度影响较敏感、需要良好的屏蔽	小位移、气体及液体压力测量、湿度、含水量、液位测量
压电	0.5 以下	体积小、高频响应好、属发电型传感器、测量电路简单	受潮后易漏电	振动、加速度、速度测量
光电	视应用情况而定	非接触式测量、动态响应好、精度高、应用范围广	易受杂光干扰、需要防光护罩	亮度、温度、转速、位移、振动、透明度测量、其他特殊领域应用
霍耳	5mm 以下	体积小、灵敏度高、线性好、动态响应好、非接触式、测量电路简单、应用范围广	易受外界磁场和温度影响	磁场强度、角度、位移、振动、转速、压力测量、其他特殊场合应用
热电偶	200℃ ~ 1300℃	精度高、安装方便、属发电型传感器、测量电路简单	冷端补偿复杂	测温

163

类型	示值范围	优点	缺点	应用场合与领域
超声波	视应用情况而定	灵敏度高、动态响应好、非接触测量、应用范围广	测量电路复杂、标定复杂	距离、速度、位移、流量、流速、厚度、液位、物体测量和无损探伤
光栅	$(0.001mm \sim 1) \times 10^4 mm$	测量结果易数字化、精度高、温度影响小	成本高、不耐冲击、易受油污及灰尘影响、需要遮光防尘护罩	大位移、静动态测量、多应用与自动化机床
磁栅	$(0.001 \sim 1) \times 10^4 mm$	测量结果易数字化、精度高、温度影响小、录磁方便	成本高、易受外界磁场影响、需要磁屏蔽	大位移、静动态测量、多应用与自动化机床
感应同步器	0.005mm 至几米	测量结果易数字化、精度高、温度影响小、对环境要求低	易产生接长误差	大位移、静动态测量、多应用与自动化机床

二、热电偶分度表

几种材料的热电偶分度表见表 D-2~表 D-7。

表 D-2　镍铬—镍硅热电偶分度表(分度号:K)　(参考温度:0℃)

工作端温度/℃	0	10	20	30	40	50	60	70	80	90
	热点动势/mV									
-0	-0.000	-0.392	-0.777	-1.156	-1.527	-1.889	-2.243	-2.586	-2.920	3.242
0	0.000	0.397	0.798	1.203	1.611	2.022	2.436	2.850	3.266	3.681
100	4.095	4.508	4.919	5.327	5.733	6.137	6.539	6.939	7.338	7.737
200	8.137	8.537	8.938	9.341	9.745	10.151	10.560	10.969	11.381	11.793
300	12.207	12.623	13.039	13.456	13.874	14.292	14.712	15.132	15.552	15.974
400	16.395	16.818	17.241	17.664	18.088	18.513	18.938	19.363	19.788	20.214
500	20.640	21.066	21.493	21.919	22.346	22.772	23.198	23.624	24.050	24.476
600	24.902	25.327	25.751	26.176	26.599	27.022	27.445	27.867	28.288	28.709
700	29.128	29.547	29.965	30.383	30.799	31.214	31.629	32.042	32.455	32.866
800	33.277	33.686	34.095	34.502	34.909	35.314	35.718	36.121	36.524	36.925
900	37.325	37.724	38.122	38.519	38.915	39.310	39.703	40.096	40.488	40.897
1000	41.269	41.657	42.045	42.432	42.817	43.202	43.585	43.968	44.349	44.729
1100	45.108	45.486	45.863	46.238	46.612	46.985	47.356	47.726	48.095	48.462
1200	48.828	49.192	49.555	49.916	50.276	50.633	50.990	51.344	51.697	52.049
1300	52.398	52.747	53.093	53.439	53.782	54.125	54.466	54.807	—	—

表 D-3　铂铑₁₀—铂热电偶分度表(分度号:S)　(参考端温度:0℃)

工作端温度/℃	0	10	20	30	40	50	60	70	80	90
	热 点 动 势/mV									
0	0.000	0.055	0.113	0.173	0.235	0.299	0.365	0.432	0.502	0.573
100	0.645	0.719	0.795	0.872	0.950	1.029	1.109	1.190	1.273	1.356
200	1.440	1.525	1.611	1.698	1.785	1.873	1.962	2.051	2.141	2.232
300	2.323	2.414	2.506	2.599	2.692	2.786	2.880	2.974	3.069	3.164
400	3.260	3.356	3.452	3.549	3.645	3.743	3.840	3.938	4.036	4.135
500	4.234	4.333	4.432	4.532	4.632	4.732	4.832	4.933	5.034	5.136
600	5.237	5.339	5.442	5.544	5.648	5.751	5.855	5.960	6.065	6.169
700	6.274	6.380	6.486	6.592	6.699	6.805	6.913	7.020	7.128	7.236
800	7.345	7.454	7.563	7.672	7.782	7.892	8.003	8.114	8.255	8.336
900	8.448	8.560	8.673	8.786	8.899	9.012	9.126	9.240	9.355	9.470
1000	9.585	9.700	9.816	9.932	10.048	10.165	10.282	10.400	10.517	10.635
1100	10.754	10.872	10.991	11.110	11.229	11.348	11.467	11.587	11.707	11.827
1200	11.947	12.067	12.188	12.308	12.429	12.550	12.671	12.792	12.912	13.034
1300	13.155	13.397	13.397	13.519	13.640	13.761	13.883	14.004	14.125	14.247
1400	14.368	14.610	14.610	14.731	14.852	14.973	15.094	15.215	15.336	15.456
1500	15.576	15.697	15.817	15.937	16.057	16.176	16.296	16.415	16.534	16.653
1600	16.771	16.890	17.008	17.125	17.243	17.360	17.477	17.594	17.711	17.826
1700	17.942	18.056	18.170	18.282	18.394	18.504	18.612	—	—	—

表 D-4 铂铑₃₀—铂铑₆热电偶分度表(分度号:B) (参考端温度:0℃)

工作端温度/℃	0	10	20	30	40	50	60	70	80	90
	热 点 动 势/mV									
0	−0.000	−0.002	−0.003	0.002	0.000	0.002	0.006	0.11	0.017	0.025
100	0.033	0.043	0.053	0.065	0.078	0.092	0.107	0.123	0.140	0.159
200	0.178	0.199	0.220	0.243	0.266	0.291	0.317	0.344	0.372	0.401
300	0.431	0.462	0.494	0.527	0.516	0.596	0.632	0.669	0.707	0.746
400	0.786	0.827	0.870	0.913	0.957	1.002	1.048	1.095	1.143	1.192
500	1.241	1.292	1.344	1.397	1.450	1.505	1.560	1.617	1.674	1.732
600	1.791	1.851	1.912	1.974	2.036	2.100	2.164	2.230	2.296	2.363
700	2.430	2.499	2.569	2.639	2.710	2.782	2.855	2.928	3.003	3.078
800	3.154	3.231	3.308	3.387	3.466	3.546	2.626	3.708	3.790	3.873
900	3.957	4.041	4.126	4.212	4.298	4.386	4.474	4.562	4.652	4.742
1000	4.833	4.924	5.016	5.109	5.202	5.2997	5.391	5.487	5.583	5.680
1100	5.777	5.875	5.973	6.073	6.172	6.273	6.374	6.475	6.577	6.680
1200	6.783	6.887	6.991	7.096	7.202	7.038	7.414	7.521	7.628	7.736
1300	7.845	7.953	8.063	8.172	8.283	8.393	8.504	8.616	8.727	8.839
1400	8.952	9.065	9.178	9.291	9.405	9.519	9.634	9.748	9.863	9.979
1500	10.094	10.210	10.325	10.441	10.588	10.674	10.790	10.907	11.024	11.141
1600	11.257	11.374	11.491	11.608	11.725	11.842	11.959	12.076	12.193	12.310
1700	12.426	12.543	12.659	12.776	12.892	13.008	13.124	13.239	13.354	13.470
1800	13.585	13.699	13.814	—	—	—	—	—	—	—

166

表 D-5 铜—康铜热电偶分度表（分度号：T） （参考端温度：0℃）

工作端温度/℃	0	10	20	30	40	50	60	70	80	90
	热点动势/mV									
-200	-5.603	—	—	—	—	—	—	—	—	—
-100	-3.378	-3.378	-3.923	-4.177	-4.419	-4.648	-4.865	-5.069	-5.261	-5.439
0	0.000	0.393	-0.757	-1.121	-1.475	-1.819	-2.152	-2.475	-2.788	-3.089
0	0.000	0.391	0.789	1.196	1.611	2.035	2.467	2.980	3.357	3.813
100	4.277	4.749	5.227	5.712	6.204	6.702	7.207	7.718	8.235	8.757
200	9.268	9.820	10.360	10.905	11.456	12.011	12.572	13.137	13.707	14.281
300	14.860	15.443	16.030	16.621	17.217	17.816	18.420	19.027	19.638	20.252
400	20.869	—	—	—	—	—	—	—	—	—

表 D-6 铂热电阻 Pt100 热电偶分度表

$t/℃$	-200	-190	-180	-170	-160	-150	-140	-130	-120	-110	-100
R/Ω	18.52	22.83	27.10	31.34	35.54	39.72	43.88	48.00	52.11	56.19	60.26
$t/℃$	-90	-80	-70	-60	-50	-40	-30	-20	-10		
R/Ω	64.30	68.33	72.33	76.33	80.31	84.27	88.22	92.16	96.09		
$t/℃$	0	10	20	30	40	50	60	70	80	90	100
R/Ω	100.00	103.90	107.79	111.67	115.54	119.40	123.24	127.08	130.90	134.71	138.51
$t/℃$	110	120	130	140	150	160	170	180	190	200	210
R/Ω	142.29	146.07	149.83	153.58	157.33	161.05	164.77	168.48	172.17	175.86	179.53
$t/℃$	220	230	240	250	260	270	280	290	300	310	320
R/Ω	183.19	186.84	190.47	194.10	197.71	201.31	204.90	208.48	212.05	215.61	219.15
$t/℃$	330	340	350	360	370	380	390	400	410	420	430
R/Ω	222.68	226.21	229.72	233.21	236.70	240.18	243.64	247.09	250.53	253.96	257.38
$t/℃$	440	450	460	470	480	490	500	510	520	530	540
R/Ω	260.78	264.18	267.56	270.93	274.29	277.64	280.98	284.30	287.62	290.92	294.21
$t/℃$	550	560	570	580	590	600	610	620	630	640	650
R/Ω	297.49	300.75	304.01	307.25	310.49	313.71	316.92	320.12	323.30	326.48	329.64
$t/℃$	660	670	680	690	700	710	720	730	740	750	760
R/Ω	332.79	335.93	339.06	342.18	345.28	348.38	351.46	354.53	357.59	360.64	363.67
$t/℃$	770	780	790	800	810	820	830	840	850		
R/Ω	366.70	369.71	372.71	375.70	378.68	381.65	384.60	387.55	390.48		

表 D-7 铜电阻 Cu50 热电偶分度表

t/℃	-50	-40	-30	-20	-10			
R/Ω	39.242	41.400	43.555	45.706	47.854			
t/℃	0	10	20	30	40	50	60	70
R/Ω	50.000	52.144	54.285	56.426	58.565	60.704	62.842	64.981
t/℃	80	90	100	110	120	130	140	150
R/Ω	67.120	69.259	71.400	73.542	75.686	77.833	79.982	82.134